科學教育

打破傳統窠臼，我們也可以很科學

殷海光——著

五南圖書出版公司 印行

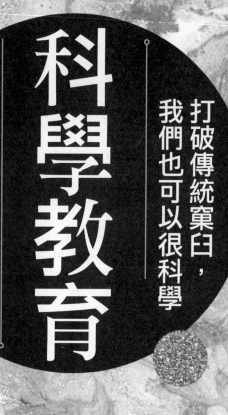

目錄

1 五四運動與科學民主

流光易逝，五四運動，不覺已過三十年了，當時參加這個運動的少年青年，今日已成中年老年，憶念往事，不堪回首。而在這三十年中，世界底變化，國家底滄桑，更是令人感慨萬千！

民國初年的新文化運動，滋育了五四運動底愛國表現。五四時代，科學與民主，成爲中心口號。這一中心口號，將中國民族今後幾十年甚至幾百年所應走的道途規劃出來了。

科學是理性底發展。民主底要素是自由與平等。五四運動以後三十年來中國底歷史就是理性與反理性，自由與反自由，相互糾織的歷史。

孫中山先生從事革命，從推翻清王朝，廢棄數千年的專制政體，建立中華民主共和國，民主自由之光，初次在東亞大陸透露，袁世凱帝制自爲，北洋軍閥割據自雄，混戰不休，壓迫人民，民主自由，受到妨害。民國十五年，孫中山先生所締造的革命勢力，自廣東北伐，掃蕩北洋軍閥，初步完成國家底統一，民主自由之光，再度展現。然而中間布爾希維克極權專制之洪流，橫決中原；日本軍國主義者又發動全面侵略。於是因應實際需要，軍事第一，事權集中，民主大業，中途遭受阻礙。第二次世界大戰期間，民主自由浪潮高漲，瀰漫全球。民主自由呼聲，響遍全國。抗日戰爭勝利以後，政府召開國民大會，頒制憲法，結束訓政，重組政府，民主形式出現。順此趨向，若干年後，中國必可逐漸循此途徑，獲致民主自由之內容。然而，勝利以後，共產國際第五縱隊存心擴大暴亂，挑動戰爭。目前，戰禍正由黃河突破長江而蔓東南，錦繡河山，狼煙遍地。共產國際第五縱隊所到之地，即陷入陰謀暴力極權統治之下，民主自由，蕩然無存。此時，極權的魔掌，正伸向全國。五十年來無數仁人志士流血犧牲所換得之自由幼芽，形將爲狂風暴雨所摧折。

科學對神權的鬥爭，根本就是理性與反理性的鬥爭。歐洲自中古以迄近代，科學與宗教作數百年長期苦鬥，科學終於大獲勝利。科學底勝利，正象徵理性戰勝反理性。中國無有支配社會之優勢宗教，但中國有迷信與權威。自科學輸入中國以來，科學即不斷與迷信及權威奮戰。而五四運動之標尙科學，更是加重中國人民對於理性之重視。三十年來，理性無日不在與反理性明爭暗鬥之中。共黨國際第五縱隊統治中國，以馬列國教強人信仰，以所謂「新民主主義」迫人服從，以共黨教條爲聖經。不許有異言，不許有異行。反理性之洪流，即將隨共黨暴力淹沒全國。中國人民，如不抵抗，即將沉淪於無理性之野蠻蒙古式的統治之中。

現在，自由與理性受著這樣的迫害，全國人民應即奮起，本著五四運動所提示的科學與民主精神，與反科學、反民主的暴力集團搏鬥，爭取理性，保衛自由。

——原載《中央日報》，第二版（臺北：一九四九年五月四日）

2 自由主義的新教育

教育當局爲配合反共軍事，即將邀請名流，制定新的教育方案；並且將要付諸實施。這一措施，雖然行之未免太晚，可是究竟是很必要的。

一九二八年北伐戰爭勝利，革命軍粗定全國，政府建都南京以後，中國即由「軍政時期」而步入「訓政時期」。在「訓政時期」，政府底教育方針，一言以蔽之，就是實行黨化教育。黨化教育，自實施以來，舉世詬病，百諑交加，於是不得不宣告結束。所謂黨化教育，無非根據中國國民黨底黨義以施教，這就是說，藉著教育的方式，將黨義灌輸於國民，使人人信服，共同奉行。中國國民黨底黨義就是孫中山先生底三民主義及其思想。孫中山先生底三民主義及其思想，早爲全國人民所共信，即共黨亦不敢明目張膽反對。既然如此，施行黨化教育，應爲全國人民所樂於接受，爲什麼反而舉世詬病，百諑交加呢？

理由是很顯然易明的，一般人所反對的並非黨義，而是口說黨義者之所作所爲。許多施行黨化教育者行爲是官僚作風，學識人品尤成問題。天天背誦陳詞濫調，自己對於主義既然沒有眞正的信仰，更不去奉行，如何可以使別人信仰奉行？交替反射是一條很重要的心理規律，三民主義本來是很好的，可是，當著一些國民黨員口稱三民主義的時候，手上老是做著禍國殃民的事，甚至袒護豪門權貴，與人民作敵。二十年來，日日如此，久而久之，以致人民一聽到說三民主義，頭都痛了，厭煩已極。這樣的「黨化教育」怎能施行得下去？

不獨如此，二十餘年來，國事操諸極端少數分子之手，彼等無論怎樣糊塗顢頇，無論怎樣失敗，都不許人批評。在這樣的政治前提與背景之下，專門開什麼「訓練班」，養成大批不用頭腦只一味盲目順從的人，這些人底知識思想根本跟不上時代。結果只有趨於頑固保守，毫無理想可言。既無理想可言，結果只有人人爲一己小利害打算。鑽小圈子，走私人路線，這樣的「黨化教育」，渴望前途的青年，怎看得起？

截至今日，共黨這樣猖獗，二十餘年來「黨化教育」底優良成績都暴露無遺了，靠賣三民主義吃飯而毫無理想主義的人，怎能叫他犧牲？拉私人關係的利害結合，怎能抵制富於蠱惑性的狂寇？共黨以思想打天下，必須以思想克服它，今日要想抵制共黨侵略，必須有比共黨較優的理想。什麼是比共黨較優的理想？共產黨現在藉著國際的支援，進行著滅亡祖國的工程，這是妨害民族獨立。共產黨藉著中國底貧困、落後、與戰爭，以武裝暴力建立極權專政，這是妨害政治民主的。共產黨口頭標榜財產公有，似乎是很合乎經濟平等的理想，許多人拿這個理由來替共產黨宣傳，替共產黨目前的暴亂行爲找理由。其實，這完全是皮相膚淺之見。共產黨如果眞正爲了人民底福利而實行財產公有，爲什麼要藉暴力實行清算鬥爭，把富人弄窮了，窮人弄得更窮？爲什麼把農村弄得十室十空，財產一點也不剩？顯然得很，共黨所謂財產公有，土地改革，完全是一種軍事動員底手段，共黨藉著清算鬥爭把所有的人力物質征斂起來，投向戰場，作劫奪政權的資本。所以，共黨之所爲，去經濟平等之目的，不知其幾千萬里！

今日我們要配合反共戰爭，如果還是用那一批老人，還是灌輸黨八股，不獨絲毫無效，而且一定會發生反作用。我們要教育青年，必須使青年澈底明瞭上述情形，使青年瞭然於現實一切必歸死亡，共黨禍亂乃一病理現象，青年們應該向中國底未來而努力。未來的中國必須是民族獨立，政治民主，經濟平等的新中國。而要實現這個目的，必須經過保衛自由的階段。

從事新教育者必須使中國青年從沉溺之中起立，認識世界發展底大勢，從世界發展底大勢中確定我們奮鬥底方向。第二次世界大戰以後，世界出現了一個新形勢。即是反自由勢力與自由勢力形成二大對壘。反自由的勢力違反人性，違反文明進步的原則。自由的勢力則尊重人性，合於文明進步的原則。所以，反自由的勢力雖在目前猖獗，最後必歸失敗，自由的勢力必獲勝利，中國共產黨是站在反自由勢力的一方面的，所以終必失敗。我們中國人民要能抵制共產暴力極權統治，必須堅定地站在自由的勢力這一方面，接受自由主義的新教育，發出新生的力量，爲保衛自由而奮鬥。

——原載《中央日報》，第二版（臺北：一九四九年五月十四日）

3 給青年以新教育

「教育」和「訓練」，二者雖然不容易劃分一條幾何學的界限，可是在許多地方，尤其是在目標方面，顯然是不相同的。

「教育」底基本出發點應是人文主義的（humanistic）。人文主義的教育是以「人」爲中心，以人爲本位的。既然如此，它是以人爲目的（end），而不以人爲手段（means）的。它注重人性底陶冶，理性底啓發，情操底培養，知識底灌輸，和意志底鍛煉。嚴格地說，人之一生，都是在教育的過程之中，特別是在幼年到青年的階段。誠然，在教育過程之中，不能沒有訓練，例如，我們要學好一種文字，或者是一種技藝，必須經過相當的訓練，可是，這類底訓練，是知識教育底手段或方法之一，而不是教育底全體，更不是教育底本身。這也就是說，教育裡可有訓練的節目，但訓練的節目卻絕不是教育。在教育過程之中，不妨有許許多多訓練節目，共同地趨歸一個大的目標，這個目標就是爲了人底本身。因而教育底目的就在培養人性，是個人底人格得到完全的發展，使群己關係得到適當的安排，因而，人類社會趨向於眞、善、美的境地。

「訓練」則不然。訓練底基本出發點，是把人當作工具，而不當作目的。恰好相反，在訓練之中，個人的自我被根本取消了。自我意識個性的發展，在訓練之中，被視爲有害的。在一嚴格的訓練之中，藉著各種規律消滅個性，消滅各個人特有的人生理想，使之接受統一的訓練目標。訓練底目標，就是各個受訓分子底目標。除了訓練底目標各個人不能有他特殊的目標，有了，訓練就要消滅他。在一種訓練之中，用盡種種方法，來將各個受訓分子變得一式一律，這裡所說的一式一律，包括工作底一式一律，語言的一式一律。近來新式的訓練，不獨要求這種外在的一式一律，而且更根本要求內在的思想或觀念形態之一式一律，這些一式一律不見得合於人性之自然的發展，更不見得是出於每個人底要求。在事實上，它常常是出於一個高於個人的國家或統治一切個人的黨派底要求。

教育和訓練，在大體上有上述的分別。那些國家對於人民是從事於教育，那些國家對於人民是從事於訓練呢？大概說來，民主國家底政府是在教育人民；而獨裁國家底政府是在訓練人民。因爲，這兩種國家底本質各不相同；民主國家是爲人民而存在的工具，獨裁國家則是高於個人的目的。在現代的形態，獨裁國家常常以一個黨派來統御人民，這樣的黨派，則完全將人民看作工具，它底政治工程師們把人民當作一塊一塊的磚頭，要求每一塊磚都合於尺寸。當然，我們不能夠說，任何民主國家底政府，在制定教育方案的時候，不受他底政策之影響，既然如此，也許有人要反駁：這和獨裁國家有什麼不同？我們必須知道，天下事本來沒有這樣劃分清楚（clear cut）的人類的行爲，只有程度多少高下之不同，而不能說完全一點類似之點也沒有。只有宣傳家們才會說一方面百分之百地好，另一方面百分之百地壞。民主國家底政府教育人民時之制定教育方案，即使受政府政策底影響，其程度是比較輕微的，是比較不自覺的，而且多是順隨客觀情勢之發展的。但是獨裁國家底政府之制定教育方案，在最開始的時候，便以國家底基本政策爲出發點，換句話說，獨裁國家底教育根本是推行政府底政策的手段，而人民則是實現此一政策的工具。人民自已不能在國家教育之中，求得自我人生目的之體現。依此，英美民主國家底政府當局，沒有提出一種思想信仰，規定人民必須一致信奉，或是通過教育方式使人民信奉，更沒有規定言論、集會、結社，必須依照國家規定的方式或是具有某種內容的方式。獨裁國家則不然：從前的德、意、日且不必列論，現在的俄國提供了最顯著的例證。在俄國，布爾希維克黨人自十月革命的勝利中建立獨裁政權以後，馬、列、史主義代替希臘正教而成俄國底國教。沒有任何與此抵觸的思想被允許俄國人民底學校課本中出現。至若人民只承認「一個黨，一個領袖」，那是更不用說的了。所以，嚴格地說，在俄國，正和在從前的德、意、日一樣，沒有教育機關，只有訓練機關。的確，在目前的俄國充滿了訓練機關，而幾乎不見為了「人」而有的教育場所。在俄國，政治工程師們憑藉絕對的權力來規範俄國人民底生活，他們之訓練俄國人民，和警犬學校之訓練警犬沒有兩樣，他們之刈除不合政治要求的人民，正如園丁之隨時拔掉他們認為有害的「莠草」一般。

中國呢？中國二十餘年來，是在「教育」與「訓練」的交織狀況之下。自由主義者注重教育，以直接或間接方式保衛學術自由、思想自由，反對類似宗教的教義之滲入學校，隨時減輕學校黨派化的訓練之惡劣趨向，努力將教育底發展扶入正軌。可是，在另一方面，由於一部分人在政治上得勢，追從俄國布爾希維克黨人之後，將俄國一套辦法搬到中國來，施行所謂「黨化教育」。俄國實行黨化教育多少收到鞏固政權底效果。而中國二十餘年來「黨化教育」底成績何在呢？不獨未能收鞏固政權之效，反而產生許多惡果。

所謂「黨化教育」實際上並非「教育」，而是一種「訓練」。這種「訓練」，有人說是「政治訓練」，這種看法似乎是把這種訓練估計得太高了。政治訓練，至少要灌輸某種政治意識。二十多年來的這一套訓練，何曾真正灌輸了某種政治意識？如果真正灌輸了某種政治意識，那末在失去軍警保護以後，何以很少人繼續與政治上的敵人奮鬥？在事實上，什麼「訓練團」、「訓練班」，是把人當工具來訓練。在這種訓練之中，不許人發揮個性，更不讓人有思想自由、言論自由。而是以滿足一己生活需要為招誘基礎，用機械瑣細的方式，灌輸大群甚至常識都發生問題的人之胡言濫語。這樣的訓練，就是勉強人盲目服從權威。如果有誰發揮個性，誰一定會被淘汰，誰要自由思想，誰就被認為「思想有問題」。在這樣的訓練之中，個性被剝奪殆盡，弄得大家都變成機械，失去了創造精神，失去了自發活動的能力，完全盲目服從；只注重枝枝節節的事物的應付之術，不注意原則，更不談理想，並且視談理想為唱高調。這樣的訓練，結果如何呢？不時躲在軍事、政治力量之下，組小圈子，立小派系，走個人路線，謀一己小利，一味的意氣用事，鬧人事摩擦，自相抵消力量。一遇到驚濤駭浪，不是動搖投機，便是作鳥獸散！國事演變到今日這個地步，這種訓練底成績，可算暴露無遺了！爲了國家和人民底前途，這種「訓練」還應該繼續下去嗎？

在另一方面，若干年來，自由主義者在艱難困苦，詆毀迫害，和動盪不寧的環境之中，堅守著自由教育的園地，爲國家保留一線生機，爲人民、爲青年保留一線希望。自由主義者底功勞是很大的。然而，要救中國和她底人民，這點成績是不夠的。持至今日，我們必須擴大自由主義的教育，使自由主義的教育，百尺竿頭，更進一步，因應目前的局勢，得到一種新的發展，因而給予青年以一種新的教育。

這種新的教育是什麼？除了注重人格之完美的發展，正確知識之灌輸，情操之培養，和意志之鍛煉以外，更要從個人自由主義前進一步，到達與社會主義的教育化合底階級。世界底局勢發展到現在，證明十八、十九世紀個人自由主義已不足以圓滿解決世界問題，必須自由主義與社會主義結婚才能解決世界問題。因此，純個人自由主義的教育不算健全的教育，必須更進一步地實行民主社會化的教育，使青年了解群己關係，公私分際，個性與群性怎樣調和，以及行爲所應取的方向。個人底社會化即是個體的擴大，所以，自由主義的社會化即是自由主義的擴大，教育亦然。世界的客觀情勢發展到個人自由主義與社會主義的關係必須調整協和的時候，教育方針自然也必須因應這一客觀環境而向前擴大，只有給予中國青年這種新教育，才能使青年堅定地站立在驚濤駭浪之中，解決中國底問題，爲中國底前途打開一條出路！

——原載《中央日報》，第六版，《青年週刊》第十一期（臺北：一九四九年五月二十五日）；署名「英弗遜」

4 科學經驗論底徵性及其批評

一、

這裡所稱的科學經驗論（scientific empiricism）是指謂內容並未完全諧同的若干派別或若干單獨個人底關於哲學或邏輯或科學的某一類底學說的名詞。這裡所指的若干派別是維也納學派（Vienna Circle），邏輯實徵論（logical positivism），和邏輯經驗論（logical empiricism）。這裡所指的若干單獨個人是雖未屬於上述派別但卻對於這一類底學說多少有所貢獻而分散在歐美的個人。

雖然，在關於哲學或邏輯或科學的某一類底學說之中，這些派別或單獨個人底看法於枝節上尚未全然一致；可是，從歷史方面觀察，他們所承受的影響大致相同，因此，他們稟賦了大致相同的思想質素和認知模態，並且曾在或正在朝著一個大致相同的爲學方向發展。以科學經驗論名之的這一類底學說之出現和發展給現代哲學思想界以相當的刺激。假若我們不否認新的刺激爲思想進步之所必須，那末我們必須對於這一類底學說予以相當的注意。

從歷史方面觀察，科學經驗論自三種來源得到影響甚或啓示：第一，舊傳的經驗論和實徵論；尤其是休謨（Hume）、穆勒（J. S. Mill），以及孔德（Comte）與馬赫（Mach）諸氏底學說；第二，科學方法論。自十九世紀中葉以來諸科學家如赫門霍茲（Helmholtz）、潘加列（Poincaré），和愛因斯坦等人所衍發的；第三，數理邏輯或邏輯解析。在這個範圍以內的先導人物除萊布尼茲以外，當推弗勒格（Frege）、羅素，和維根什坦（L. Wittgenstein）。羅素更進一步將這三者加以聯繫與某種程度的融通。所以，他對於科學經驗論底導發作用尤大。

二、承受上述三種來源底影響甚或啓示的科學經驗論者處理關於哲學或邏輯或科學的問題主要地是從語言解析（sprachanalyse）著手。從語言解析著手，科學經驗論者規定語言底意謂條件。依據語言底意謂條件，科學經驗論者劃分語言意請底種類。依據語言底意謂條件以及語言意謂底種類，科學經驗論者建立他們關於哲學或邏輯或科學的學說；並且批評關於哲學或邏輯或科學的舊傳學說。

開納普（R. Carnap, 1891-1970）是科學經驗論底領導者之一。依據開納普，在記號學（semiotic）中，語言底意謂即是語言表詞底函量（function）及其所傳達的內容。語言底意謂可以分作二大種類：第一、認知意謂（cognitive meaning）。假若一個表詞或語句肯斷某事某物因而爲眞或爲假，那末便有認知意謂。假若一個語句具有認知意謂，那末其眞值（truth-value）通常依據二個條件：⑴語句之中的辭端之語意的意謂（semantical meaning）。⑵語句所指涉的事實。依據這二個條件，語句底意謂又可次分爲二種。假若一個語句既建立於⑴之上又建立於⑵之上，那末這個語句具有實際意謂。因而我們將這個語句叫做表實語句。假若一個語句僅僅建立於⑴之上，言意謂的一個標準。制定證實原理的一個簡單方法是：「假若而且僅僅假若一個語句所表示的命題或爲解析的或爲可藉經驗證實的，那末這個語句便有語言意謂。」[1]

在施里克以後，科學經驗論者將證實原理分爲實際可證實性（practical verifiability）和在原則上可證實

1 A. J. Ayer, *Language, Truth and Logic*, "Introduction," p.5.

性（verifiability in principle）。依照這種劃分，「可證實性」有強的意謂和弱的意謂。依可證實性之強的意謂來說，假若而且僅僅假若一個語句可以決定地藉著經驗來肯斷，那末這個語句是可證實的語句。依可證實性之弱的意謂來說，假若可以藉著經驗蓋然地肯斷一個語句，那末這個語句是可證實的語句。可證實性之強或弱，常取決放科學技術。

無論可證實性是強的或是弱的，一個表實語句只要可被證實是眞的或是假的，總是有認知意謂的。這也就是說，一個表實語句被證實是眞的固然有認知意謂，一個表實語句被證實是假的也有認知意謂。假若一個語句既無法證實它是眞的又無法證實它是假的，那末這個語句便沒有認知意謂。

三、

科學經驗論者除了著重證實原理以外，對於邏輯解析特別著重。有許多科學經驗論者簡直主張以邏輯解析代替哲學。提出邏輯解析本不自科學經驗論者開始。不過，科學經驗論者特別強調邏輯解析底重要作用，並且擴大邏輯解析底引用範圍。

在科學經驗論者之中，有一部分人認爲哲學底任務就是「語言底批評」。過去的時代，表達哲學問題底方式，正如維根什坦所曾指出，是基於「誤解吾人語言底邏輯」。[2]開納普主此說頗力。他說：「……一個哲學那末這個語句僅有邏輯意謂。因而我們將這個語句叫做解析語句；第二，表達意謂（expressive meaning）。假若一個表詞是被用來表達表達者所處情況之中的某事某物，那末這個表詞便具有表達意謂。這一類底意謂也

2 L. Wittgenstein, *Tractatus Logico-Philosophicus*, "Preface," p. 27.

許含有構象、情緒和決意等等成素。假若一個表詞祇有表達意謂而且如果我們說它具有認知意謂則陷入錯誤，那末這個表詞叫作擬似敘辭（pseudo-statement）。擬似敘辭沒有認知意謂的眞或假可言。」

依上所述，吾人可循以析知科學經驗論者將認知意謂與表達意謂予以截然的劃分，而且認知意謂底條件必須爲二：第一，證實原理；第二，邏輯語法。這二大條件乃科學經驗論者所堅持的認知意謂底條件。固然如此，但從科學經驗論底理論體系之構造而言，這二大條件實爲科學經驗論底始基命題。從此二個始基命題出發，科學經驗論者提出積極與消極二方面的趣旨：在積極方面，著重經驗；著重邏輯解析；並且由此衍生出統一科學底主張。在消極方面，除革形上學於哲學範圍之外；並依相同的理由嚴格批評倫理學與美學。

四、

證實原理是科學經驗論底認知意謂條件；而且也是實徵（positivistic）精神底重要表現。從技術方面著眼，科學經驗論者近來以「印證」（confirmation）這一概念代替原有的證實（verification）概念。這種技術底精鍊不在作者預備討論的範圍之列。證實原理乃施里克（Schlick）所首先提出。這個原理說：「一個命題底意謂是它底證實方法。」依此，如果一個表實語句在經驗中既沒有方法肯證又沒有方法否證，那末這個語句便是沒有認知意謂的。

愛爾（A. J. Ayer）說：「我們認爲證實原理乃決定一個語句是否具有語的，亦即邏輯的研究，必須是語言底解析。」[3]

3 R. Carnap, *The Unity of Science*.

照這一部分底科學經驗論者看來，哲學與科學不同。哲學必須專一研究邏輯問題，即是，研究關於語言底邏輯問題。哲學家不應研究事物底性質，不應分析實在底本質。這一類底題材，如果可能成爲眞正的問題，那末應該留給科學去研究；如果不可能成爲眞正的問題，那末就應須消去。

開納普將理論範圍以內的問題分作二種：一種是事物問題（object questions）；另一種是邏輯的問題（logical questions）。依照傳統的用法，「哲學」這個名詞指謂一組頗不相同的研究題材。事物問題和邏輯問題都被包含於這一組之中。其實，事物問題應須劃歸心理學或其他科學去研究。在名之曰「哲學」的這一組研究題材裡將事物問題淨除，所剩下的只有邏輯問題。

科學經驗論者將哲學問題限制於邏輯問題因而限制於語言解析，於是他們所規定要做的工作是提供界說（definition）；將這一語句形變（transform）而爲另一語句；運用蘊涵推繹，等等純形式的工作。這一類底工作可以顯露原有語句所涵蘊的邏輯複雜結構；因此可以增長吾人對於原有語句底認知意謂之了解。所以，有人甚至以爲「哲學乃邏輯底一支」。

如何確立知識底效準（Gültigkeit）乃哲學者所擬解決的一大問題。自來哲學者極欲將知識置基於絕對可靠而無可致疑的基礎之上。笛卡雖未獲致此種成功，但彼無疑爲近代表現這種意願之最爲顯明者。科學經驗論者既將哲學題材限於語言之邏輯的解析，便是將哲學底語句效準置基於邏輯之上。依自維根什坦以來一部分邏輯學者底解析，一切未經分析的邏輯語句皆爲套套絡基（tautology）。套套絡基之爲眞乃必然的眞。必然眞的語句不可反駁。凡反駁必然眞的語句的語句皆陷入矛盾而成爲自相矛盾的語句。所以，邏輯形式是確然普遍有效的形式。既然科學經驗論者將哲學題材限制於邏輯解析，於是哲學語句皆屬普遍有效。

五、

科學經驗論者處理關於哲學或邏輯或科學的問題之鎖鑰是語言解析。科學底統一也是從語言解析著手的。從語言解析著手，科學經驗論者建立物理論（physicalism）。依開納普，物理論是說，在科學裡的每一摹述名詞（descriptive term）與謂指事物之可觀察性質的名詞相關聯。這種關聯即爲含有這些名詞的語句互爲主觀地（intersubjectively）可用觀察來證實者。據此，科學語言裡的一切名詞，包括心理學和社會科學底名詞在內，都可以化約（reduce to）爲物理語言底名詞。最後解析起來，心理學和社會科學底名詞也表示時間與空間界域底性質或關係。採取物理論的觀點的人承認一種比較廣涵的語法（syntax）乃構成科學之完備的語法基礎。

開納普說得很清楚：「物理論底要旨乃主張物理語言爲科學底普遍語言——這也就是說，科學底任何次級領域底每種語言可以同等有效地翻譯成爲物理語言。因之，科學成爲一個單一的系統。這個系統之中，沒有在根本上彼此差異的事物領域。結果，比如說，在自然科學與心理科學之間沒有鴻溝。這就是統一科學底主旨。」[4]

從型構底發展精神方面著眼，萊布尼茲底「Characteristica Universalis」可說是物理論底先導。孔德從層次（hierarchy）底觀點而作科學統一底看法或將科學安排於一個系列底看法，亦爲與此同型的思想。

自知識之系統的構造方面著眼，科學底統一就是科學之公理的整合（axiomatic integration）。經過公理的整合的科學，可以納入一套百科全書以內。因此，有一部分科學經驗論者主張百科全書論

---

4 R. Carnap, *Logical Syntax of Language*, p. 320.

（encyclopedism）。

六、

我們已經在前面第二節說過科學經驗論者將意謂劃分爲認知意謂和表達意謂。具有認知意謂的語句必須合於邏輯語法或者可被證實。假若一個表詞祇有表達意謂而且如果我們以爲它具有認知意謂則陷入錯誤，那末這個表詞就是一個擬似敘辭。擬似敘辭既不合邏輯語法又無從證實，所以它沒有認知意謂。科學經驗論者認爲傳統形上學底敘辭既不合邏輯語法又無從證實。因此，傳統形上學底敘辭是擬似敘辭。擬似敘辭只有表達意謂而無認知意謂。只有表達意謂而無認知意謂的表詞根本無眞亦無假可言。嚴格的知識系統必須是一組具有認知意謂的語句系統因而也就是一組有眞亦有假可言的語句系統。傳統形上學底敘辭既然是無眞亦無假可言的擬似敘辭，所以不得入於嚴格的知識系統之林。本此理由，科學經驗論者以激烈的或溫和的態度主張消除傳統形上學。

愛爾說：「哲學家之間的傳統論爭底最大部分是沒有保證的，亦如其無結果然。……我們可以從批評形上學的說素開始。這種說素底內容是，哲學供給我們以超乎科學和常識的關於實在的知識。……許多形上學的說素之所以出現，是由於觸犯了邏輯上的種種錯誤。」他又說：「我們之所以反對形上學家，並非由於他企圖將人類底理解引用於不利於探險的領域，而是因爲他創造了一些語句，但這些語句不合於語句底意謂條件。」他又說：「我們最好說形上學家是一個搞錯了行的詩人。他所作的陳述沒有語言意謂。既然他底陳述沒有語言意謂，因而說不上以眞或假底標準來衡量。不過，這些陳述辭依然表示或掀起情緒，因而應須屬於倫理學或美學之一格。」他又說：「在我們藉摒棄形上學而破除的迷信之中，有一種迷信的看法就是，以爲哲學家底工作是構作一個演繹系統。我們之所以反對這種看法，當然，並非說哲學家可以廢棄演繹的推理。我們祇是說，形上學家無理樹立第一原理，然後將這些原理及其結論當作實在底一個完全的圖像。」[5]顯然得很，在此愛爾所反對的是理性論的形上學的演繹式的體系。

開納普對於這個問題曾表現得相當尖銳：「形上學的命題都是……像笑、抒情詩和音樂一樣，乃表達性的。」[6]他又說：「有的時候維也納學派底看法有一種錯誤，即是，他們反對物理世界底實在觀。但是，我們不作這樣的反對。的確，我們反對物理世界底實在觀之說素：但是，我們之所反對者，並非謂這些說素是假的，而是說它們沒有意義；而且對於與之對立的觀念論的說素，我們恰好作相同的反對。我們既不肯定又不否定這些說素，而是反對整個的問題。」[7]由此可知開納普對於傳統的觀念論與唯物論俱屬無所選擇。因爲二者都是形上學範圍以內的說素。形上學範圍以內的說素是沒有認知意謂的。沒有認知意謂的說素無所謂眞假。無所謂眞假的說素當然既無從肯定又無從否定。

科學經驗論者除了主張消除傳統形上學以外，又對於倫理學和美學提出批評。批評底理由在基本上與批評傳統形上學的理由相同。我們不必在此重述。

七、

前述各節已列論科學經驗論底來源、主旨及其特點。此後，吾人擬對科學經驗論加以批評。茲從有關形上

---

5 A. J. Ayer, *Language, Truth And Logic*, Chapter I and II.

6 R. Carnap, *Philosophy and Logic Syntax*, p. 29.

7 同上p. 20.

學的問題開始。

為便於討論起見，作者在此構作二個名詞。大體劃分起來，哲學可分二大類型：第一類型叫作高限度的哲學；第二類型為低限度的哲學。前者乃包含甚多的哲學。這種哲學要求高踞諸學之首；並且包含宇宙論、人生論、知識論、價值論、美學，或以歷史精神文化名之的題材。低限度的哲學，與高限度的哲學相較，究竟低至何種程度，雖不易劃一明顯的幾何界線，但自哲學史上看來或自大陸與海洋二型大體看來，低限度的哲學所要求的顯較高限度的哲學為低而且所包含的也較少。或許，自高限度的哲學者看來，低限度的哲學淡而無味。然而，無論是否如此，要求建立形上學的體系則為高限度的哲學者較低限度的哲學者更有興趣的要求。

以大陸理性派所建立的形上學體系為例，例如笛卡與斯賓諾薩底體系，形上學的體系常以封閉的「直觀」為始基觀念（primitive ideas），而以形式完備或未完備的演繹（deduction）展衍構成之。這樣構成的體系難免為一封閉體系（block system）。一封閉體系猶如一閉束類（a closed class）。假若一個封閉體系確是或近乎是一個自足體系（self-sufficient system），那末這一體系或者包含其所預定議擬包含的內容，或者足以閉束思想，或者甚至美麗壯觀。這樣的體系，對於體系構造者本人，或可滿足他之作為一個哲學思想者底智性要求；對於一個時代或若干時代裡的一部分人，或可予以某種感性或是某種精神生活的滿足。然而，無論效應如何，既然這樣的體系從得自直觀的封閉概念開始而又摒棄經驗或傾向於摒棄經驗，於是不能無所蔽障。

邏輯解析可顯示這種蔽障。形上學的體系[8]既為一體系自不能不受自有的始基觀念與結構所限制。體系內部底所設部分（given parts）恆規定衍出部分（derived parts）。一個體系若有所取必有所捨。一個封閉體系如自陷於封閉概念而且結構封閉愈嚴，則被排斥於體系以外而不被吸納於體系以內的要素必不少。假若指詞底

8 依作者底用法，「系統」只有邏輯形構而無特定內容。而「體系」除須有邏輯形構以外還有特定內容。

外範愈大則內涵愈少，那末構造一指謂萬有的體系必至幾近無說。

依此，無論一個形上學的體系怎樣豐富，總不能等於宇宙全體，而是人類憑著認知作用對於宇宙的反映或說釋。這反映或說釋常以一串語句表出。在這一串語句以內，體系建立者固然不難頭頭是道，神遊其中，亦若乘於設備完善的海船；但是，航行大海時刻面對氣象瞬息萬變的水手則從未以海船設備完善爲滿足。智力強勝的哲學思想家常喜窮力構作一體系以貫串思識。亦若古代金錢多者常喜以繩串之。這類哲學思想家每以知識而無體系則支離破碎爲病。建立體系這種要求或衝動固然多少可醫知識支離破碎之病；可是，如果專憑直觀與演繹以建立封閉體系，那末知識蔽障於一種觀標而不能涵攝其餘。自來單一的形上學體系常犯此病。

科學經驗論者謂傳統形上學沒有認知意謂。這種批評似嫌籠統：並非所有的形上學陳述辭都沒有認知意謂。但是，傳統形上學底許多陳述辭的確沒有認知意謂；有些陳述辭在可解或不可解之間；有些問題或說法之出現則是由於語言底限制或缺陷；有些問題底意義是正確的，但表現的形式卻錯誤了（but wrongly formulated），以致爲有現代解析訓練者所蔑忽。

語言的用法大致可分兩種：一種是語言之科學的用法（scientific use of language）；另一種是語言之情緒的用法（emotive use of language）。一切嚴格的知識應須藉語言之科學的用法表示出來；雖然，藉語言之科學的用法表示出來的知識不必是一般所謂的科學知識，至少不必是經驗的科學知識。純詩的語言乃在語言之情緒的用法之中的語言之一種。固然在事實上，語言之科學的用法和語言之情緒的用法並非涇渭分明而係常常混同使用，但是二者底性質則不可混爲一談。這二者底性質不同，所產生的語言效應往往不同。假若在不明白知悉這二種用法底性質不同時將二者混同使用，那末或者產生歧義或者產生近乎錯誤的結果。形上學的陳述辭所引起的效應可以不必是純知識的，但形上學在作爲一種「學」時它底本身應是純知識的。既然形上學在作爲一種「學」時它底本身應是純知識的，於是它底陳述辭底用法必須是語言之科學的用法。可是，有些形上學的陳述辭並未滿足這一必要條件；有的形上學者甚至立意傾向將形上學的陳述辭導向語言之非科學的用法，以致在這一傾向影響之下的形上學不易走上純知識之路。

依據行爲派心理學家底說法，思想就是沒有聲音的潛伏的語言。這種說法，如果僅僅就已經到達準語言階段的思維之心理活動而言，是眞確的。顯然，人類底思維活動常靠語言符號之助。既然如此，於是思維活動在某種程度以內易受語言底形式或結構或習慣所影響甚或限制。形上學底若干問題係由此而出。關於存在（existence）是否爲一屬性底問題，就是一例。語句底主賓形式（subject-predicate form）自亞里士多德以來即爲在哲學界佔優勢的語句形式。這種語句形式因長期使用而成一習慣。這種習慣使哲學思想家常以爲一個名物詞（substantive）必須有一謂詞（predicate）以形容之。於是，存在是否爲一屬性底問題發生。笛卡所說的Cogito ergo sum被譽爲哲學名言。其實，當時的思想家未知「我」並非實體，而係一自我中心特詞（egocentric particular）；而且「我思」並不涵蘊（implies）「我在」。[9]因「思」（thinking）並無涵蘊「在」（being）的必然性。

科學經驗論者從語言層面（linguistic level）對於傳統形上學的批評，在一適當的程度以內是誠然可以接受的，然而並非完全可以接受。語言並非一切。在知識底關涉（reference）場合，過分著重語言層面之易生弊端亦若過分忽視語言層面之易生弊端。如果以爲語言層面即是知識底一切層面，那末便是導向不可知論。既然導向不可知論就不必有言說。既然不必有言說而又欲有所言說，便陷入自相矛盾之境。科學經驗論者之中有人以爲哲學底任務只限於邏輯解析或語言批評。這種看法，不是以哲學爲邏輯練習，便是過分著重哲學之語言的層面：以爲哲學除一組語言以外別無其他。這種看法正是以爲名理乃flatus vocis而且只post res而存在。這種

9 關於自我中心特詞，請參看B. Russell, *Human Knowledge*, Chapter IV.

看法就是唯名論（nominalism）底看法。可是，科學經驗論者同時又極其著重證實原理。唯名論與證實原理二者實不易相容。假若著重證實原理，那末在同一論說之中不易又採取唯名論。從唯名論來批評哲學，不過以此一是非，來是非彼一是非。從內部不甚融通的論說來批評全部哲學，問題似乎更大。

固然，對於語言本身的研究可以成一獨立的科學，但是在語言被運用時它是有傳達作用（communicative function）的。傳達作用者與被傳達的內容是二而不是一。吾人總不能說指（designation）即是所指（what is designated）。如果除音符以外而無音樂，那末世上必無音樂家，而人生也少一樣樂趣。根據這種道理，我們不可因形上學底許多陳述辭有語法的毛病而一概抹煞形上學底眞實內蘊。作者承認一切嚴格的形上學必須是嚴格的知識。一切嚴格的知識必須具有認知意謂。所以一切嚴格的形上學必須具有認知意謂。不過，認知意謂與表達意謂並非永遠不可踰越的鴻溝。表達意謂如加精鍊，並非全部不能化爲認知意謂。形上學中蘊藏知識底泉源。吾人可說「了悟」、「通觀」、「賞識」等等都尙未成形爲知識。但是，這些可說是知識底基因（gene）或對象或原料。這些因素可能發展而成知識或者被提鍊而爲知識。禪宗之伸一個指頭，用開納普底名詞說，就是姿勢語言（gesture language）。姿勢語言經過比較複雜的程術也可以得到認知意謂。

八、

科學經驗論者對於證實原理倚若長城。但是，這道長城在經驗論底範圍以內基礎是否穩固實在大成問題。它底困難殊多。

首先，吾人必須分別證實程術（verification procedure）與證實原理。假若吾人要證實程術可被施行，那末在理論基礎上必須首先假定證實原理或以證實原理爲依據。既然如此，證實原理便不能被證實。假若我們說證實原理可被證實，那末便難逃出下列二種結果之一：㈠如果說證實原理再被證實一次，那末陷入petitio principii底謬誤；㈡如果證實原理V_1需要以V_2來證實，V_2需要以V_3來證實，這樣一直下去，便成regressus in infinitum，需要無窮後退來證實的證實原理其自身永遠在有待證實之中。自身永遠在有待證實之中的證實原理至少在理論上不堪作證實程術底理論基礎。所以，無論如何，證實原理不可再被證實而只可引用來證實其他表實語句。自身不可被證實而只可引用來證實其他語句的原理，無論如何，總是非經驗性質的。非經驗性質的東西是否爲先驗（a priori）的呢？科學經驗論者似乎礙難承認它是康德意義的先驗的（a priori in the Kantian sense），證實原理不是康德意義的先驗的東西，那末又是什麼性質的東西呢？不是經驗性質的原理，若就科學經驗論的立場而言，怎樣可以用來觀照經驗呢？它底效準又何在呢？這些問題，在科學經驗論底範圍以內，都是不易解答的。

證實原理與歸納原理是性質相類的東西。證實原理之不能靠證實而得亦若歸納原理之不能靠歸納而得。可是，科學經驗論者，站在科學經驗論的立場，又礙難承認它們是康德意義的先驗的，或說它們是共相（universal）。科學經驗論者認爲肯斷先驗或共相的表詞都是擬似敘辭。在這二方面底困難之下，有的科學經驗論者，例如菲格（Feigl），認爲歸納原理乃一預存原理（prescriptive principle）而不是摹述原理（descriptive principle）。這一原理類似邏輯演算中的替代規律。在這一看法之下，歸納原理不是一語句函量（sentential function），而是對於語句所行的一個運作規律（a rule of operation）。這樣一解釋，歸納原理底困難固然在字面消除，可是卻移植於預存（prescription）和運作論（operationism）之上。證實原理亦然。

於目前的討論中，作者對於證實原理之類底東西暫不表示是否採取一低限度的形上學的觀點。作者現在只擬表示對於證實原理之類底東西作一低限度的邏輯解析。作者預備將這一類底東西叫做方法論的設臆（methodological assumptions），無論這類設臆有無何種形上學的性質，它們確爲科學知識之必不可無的構建條件。方法具有二種功能：一種是形成功能（formative function）；另一種是形變功能（transformative function）。至少從邏輯秩序著想，方法總是先於知識而不是後於知識。方法雖然建構經驗知識但卻外於被建構的經驗知識。因爲，同一方法可以型定有限或無限同型底知識實例。例如，歸納方法先於藉歸納方法所得到的經驗知識。同一歸納方法塑製許許多多關於實際的知識。可是，如果X是一個體而且吾人說「X是歸納的」，那末這個語句便沒有語言意謂。「歸納的」（inductive）不能作任何個體底謂詞。由此可知方法是非經驗性的。非經驗性的方法乃經驗知識底建構之所必須。證實原理是方法性質的東西。所以，吾人將它叫做方法論的設臆。

九、

作者已經在前面提及，科學經驗論者特別著重邏輯解析。這一著重，使科學經驗論者無可避免地遭遇經驗論歷來易受攻擊的一大知識論的困難。邏輯和算學之爲眞與經驗科學之爲眞顯然各不相同。至少就一般而論，經驗科學之爲眞乃蓋然的眞。而邏輯和算學之爲眞則爲必然而普通的眞。顯然，吾人在此所欲論析者，並不自心理衍發之觀點（psycho-genetic point of view）而著想。自心理衍發之觀點而著想，邏輯和算學之習得在一初期階段之需靠經驗正與經驗科學之習得之需靠經驗無有以異。然而，邏輯和算學是否從經驗開始習得爲一回事，二者是否自經驗而張發（arise out）又爲一回事。關於此點，康德已有明言。[10]吾人現在所欲究詰者，乃必然而普遍眞的邏輯和算學之必然而普遍的眞理何以無待於證實而確然絕對獨立於經驗。科學經驗論者既然著

10 Kant, *Critique of Pure Reason*, "Introduction," section i.

重邏輯解析，對於這一問題應須具備圓滿的解答。

近代經驗論者嘗試行解答這一難題。穆勒爲著確保其經驗論的立場之始終一貫，認爲邏輯和數學底眞理並非必然而確定的眞理。他說邏輯和數學底語句都是基於數量極大的實例之歸納推廣（inductive generalizations）。因著支持這些歸納推廣的實例爲數極大，遂使吾人相信這些推廣爲必然而普遍的眞。既然有利的實例爲數如此之大，於是吾人不復相信相反的實例可能發生。然而，這些推廣並無必然的保證。因而在原則上是可能被新例推翻的。邏輯和數學底語句與經驗科學之間的不同只是程度之不同並非種類之不同。邏輯和數學是在過去行之特別有效的經驗假設。但是，正如一切經驗假設之可能錯誤一樣，邏輯和數學仍然是可以錯誤。穆勒底這種說法是一種外範說（extensional theory）。這種說法之不適當，在現今明瞭邏輯和數學底性質的人看來，是顯然易明的；無而詞費。

科學經驗論者沒有採取外範說，而是採取約定說（convention theory）。約定說的思想元素雖可溯源於古代希臘德謨克利圖斯（Democritus）及一部分辯士底思想，但科學經驗論所受現代的直接影響則爲潘加列及希伯特（Hilbert）底學說。依約定說，任何語句之爲眞並非被事實所決定而係被社會同意或其用法所決定。可藉純邏輯方法證明的語句之爲眞乃語言的約定或公設的（postulational）約定。因而，這種語句之爲眞雖屬必然而普遍，但係相對的而不是絕對的。這種說法雖然相當流行；可是，它底理論困難還是不少。

首先，吾人必須指出，約定說者似未作任何表現來表明其已將「外於系統」的眞理和「內於系統」的眞理分辨清楚。所謂「外於系統」係指系統與系統之間而言。所謂「內於系統」係指系統底內部結構而言。約定說在現代激起於演繹底公設方法（postulational method）。在現代邏輯與數學領域以內，名個演繹系統自行規定其公設或所設部分；而且這種規定多少可以任意爲之。非歐幾何學底眾多系統各有不同的所設部分。羅素所構作的principia mathematica系統底公設與希伯特所構作的系統底公設各不相同。因有這種事實，約定說乃得流行於一部分邏輯家與數學家之間。就系統與系統之間而言，各個系統自行規定其公設，似乎眞理爲相對的。其實，稍加考析，吾人不難發現，所謂「相對的」乃公設行動（postulating）甚或其符號表式（symbolische darstellung），而非被表示的公設。如其不然，則所謂演繹系統將爲一堆毫無意謂的記號，而非一個有秩序的符號之排列或組合。因爲，「秩序」、「排列」與「組合」等等是可離任一特殊記號群而獨立的可能。這類底可能是有意謂的。任一特殊記號群必須依這類有意謂的可能才能成爲合格的演繹系統。由此可見，可以外於系統而相對的乃公設行動或符號表式而非被表示的公設。吾人有理由設想，每一組公設分享一部分或一方面底邏輯與數學的眞理。既然如此，可知外於系統，邏輯與數學的眞理並非相對的。技術的證示不在本文範圍以內。

誠然，各個演繹系統可以各有其語言約定。現有的邏輯系統至少在五個以上。這五個以上的邏輯系統各有特定的語言約定。復次，現代邏輯亦不必如古典邏輯以三個思考律爲基本原理。但是，離斷原則（principle of detachment），三段式（syllogism），modus ponens, modus tollens, reductio ad absurdum，等等，無論怎樣符示（symbolize），爲任一邏輯家在實際思維時常須運用。顯然，這些律則底可能性，完全獨立於任何演繹系統底語言約定或符號表示。爲何有此可能性，約定說無以解釋。

就內於系統而言，在任何合格演繹系統以內，所設部分恆涵蘊衍出部分。這也就是說，衍出部分恆爲所設部分所涵蘊。假若吾人將整個所設部分視作implicans，將整個有限（finite）衍出部分視作implicate，那末前者對後者的關係爲必然的蘊涵關係（implicative relation）。不僅如此，如果在一演繹系統以內規定同一既設條件，無論何人依之而行推衍，所循推衍程術如未錯誤，那末所得結論必皆相同。這也就是說，在這樣的條件之下，所得的結論不是可以「這樣或那樣的」（alternative），而是有定的。從此看來，在一個演繹系統以內，即使所設部分可以隨意地（arbitrarily）規定，可是，既經規定以後由所設部分所推出的衍出部分恆爲一定，而且規定所設部分時的隨意性（arbitrariety）並未隨蘊涵關係傳導於衍出部分。這是內於系統的非相對而是絕對的可能性。演繹系統內部何以發生這種絕對的可能性，約定說不能解答。

穆勒底外範說雖不適當，但未與經驗論底立場相左。科學經驗論者所採取的約定說，即使關涉於語言層面而言，亦屬困難重重，而無以符合其經驗論的立場。

十、

統一科學被科學經驗論者列爲重要工作之一。如第五節所述，科學經驗論者，尤其是開納普，認爲一切科學底語言都可以化約而爲物理語言。物理語言乃表示時空界域底關係或性質的語言或爲protocols。一切科學底語言化約而爲物理語言以後，科學底各個部門之間的歧異，特別是心理科學與物理科學之間的歧異，便爲之消除。這樣一來，科學就可成爲一個和諧而單一的體系。

從技術方面著眼，這種工作並不十分困難。可是，即使這種工作能夠圓滿完成，也沒有什麼要旨（significance）。因爲它是純語言層面底解析。這種解析對於科學底進步並無決定的作用。

從語言底邏輯層面觀察，一切表示高限度含義（maximum import）的語句涵蘊表示低限度含義（minimum import）的語句。在蘊涵的推論之中，implicans大於或等於implicate；而implicate小於或等於implicans，既然如此，於是可由implicans之眞而推出implicate之眞，但不能由implicate之眞而推出implicans之眞。吾人不難明瞭，心理科學或社會科學底語言爲高限度含義的語言；物理語言爲低限度含義的語言。因前者需假定時空關係或性質；而後者不必假定前者。既然如此，於是前者固然可以化約爲後者，但後者不能化約爲前者。

茲依上述原則以分析這個問題。假若心理科學和社會科學俱爲經驗科學，那末皆需假定時空關係或性質。假若心理科學和社會科學都需假定時空關係或性質，那末二者自與物理科學不相衝突。但是，二者是否與物理科學衝突是一回事，二者是否同於一是另一回事。男與女皆為人而不相衝突，但男與女固不同於一。依同理，心理科學和社會科學雖然在同為經驗科學並假定時空關係或性質上與物理科學不相衝突，但並不同一於物理科學。假若二者同一於物理科學，那末推而廣之，一切科學皆可取消而以物理科學代之，則何需乎有如此眾多部門底科學？而如此眾多部門底科學更何致產生？在事實上，如此眾多部門底科學已經產生，足見物理科學不能取一切科學而代之。物理科學之所以不能取一切科學而代之，是因為其他科學除需假定時空關係或性質以外尚各自有其特定因素（specific elements）。這些特定因素構成各門科學底特定題材（specific subject matter）。這些特定題材又分別地構成各門科學。這些特定因素既不能被解釋而消失（interpret away）又不能以另種因素來兼消。所以，各種科學得以屹然獨立。這些屹然獨立的科學之語言相對於物理語言都是高限度含義的語言，而物理語言是低限度含義的語言。既然如此，各種科學語言一經化約為物理語言以後，便不能還原。既不能還原，當是在化約過程之中無形抽去了各門科學之所以成為各門科學的必須的特定因素。犧牲了各門科學之必須的特定因素而換取科學在語言層面的統一，這對於科學底展進有何助益呢？

由上可知，即使統一了科學語言也統一不了科學內容。既然如此，統一科學底工作既少理論的意義尤少實際上的必要。假若吾人欲防止各門科學之間發生基本的理論歧異，那末假定自然齊一（uniformity of nature）較為有助。

十一、

在前列各節，吾人已扼述科學經驗論底徵性並對之加以批評。依據上列扼述與批評，吾人可引伸如下：科學經驗論一方面著重證實原理，物理語言，或protocols；同時在另一方面又著重邏輯解析。顯然，前者爲知識方面的經驗的成素；後者爲方法方面的理性的成素。既然如此，科學經驗論者在知識論上爲經驗論；在方法論上則爲理性論。這二種成素各在一個極端，在哲學史上常成水火不相容之勢。今科學經驗論者藉語言約定將此二者挈合於一說之中。自來經驗論與理性論之爭乃純粹哲學上最嚴重爭端之一。至少自洛克以來無數哲學思想家苦思玄索以求此一爭端之解決。而科學經驗論者於勇敢抹煞形上學之餘，將經驗與理性二種成素不獨挈合於一說，且又極力張揚二者之特點與作用；同時，語言約定之橋梁又不夠堅固。如此一來，科學經驗論在實際上不獨沒有解決此一無可抹煞且亦不可不謀解決的爭端，而且增長此一爭端之複雜性。

復次，吾人由前列第四節可知，科學經驗論在哲學上的貢獻爲解析技術底增進與精鍊。雖然如此，科學經驗論在哲學思想的原本觀念（original ideas）上似少增加。科學經驗論底思想成素，大都可從傳統經驗論、實徵論及約定說，與馬赫底感覺解析等等來源之中尋析出來。舊有經驗論多與心理學黏結不解；而科學經驗論則以邏輯、數學與物理學爲利器。這一點可說是科學經驗論較舊有經驗論新的一點。科學經驗論者之反形上學的思想雖係自洛克、休謨，以其孔德諸人底思想脈絡中流出，可是科學經驗論者似較缺少詭思（sophistication）與反省的思維（reflective thinking）。缺少這二者就缺少哲學。如沒有這二者就沒有哲學。顯然，科學經驗論者醫科學氣質較其哲學氣質濃厚。因此，他們稱他們底哲學爲「科學底哲學」：而且對於傳統哲學、倫理學及美學似乎抱持過分粗糙的批評態度。

十二、

雖然，科學經驗論有上述可議之處：但是，它對於哲學底進步並非全無助益。

無疑，科學經驗論之興起及其向傳統形上學之挑戰（challenge），乃哲學界之一新的刺激。哲學固不止於語言，但至少迄今不能離於語言。今科學經驗論者專從語言解析著手以攻擊傳統哲學誠屬一偏之見，但可促使哲學家自語言層面著手反省與考驗其自身思想。東方型底哲學者似尤需冷靜接受此種挑戰。因東方型底哲學者，如直觀悟性愈高，則愈易忽視語言層面，甚者以不落言詮爲高：於是，難免思意幽微晦澀；語言幾失交流傳達之效。顯然，這種情形足以阻滯哲學底進步。邏輯解析不必能助人深思，但卻可助人精思，更有助於清晰地達理表意。所以，東方型底哲學者似應較西方型底哲學者接受科學經驗論者更多的挑戰。

科學經驗論之最顯著的提示乃眞理底技術化（technicalization of truth）之趨向。這一趨向，如果走出所需範圍以外，確乎易趨末流。然而，就作爲一種解析工具而論，這一提示所獲實多。近三十年來名理之學之所以猛進，多少不可不歸功於科學經驗論者之倡導。metalanguage之踵接object language而出現，乃數理邏輯史上的一大進步。[11]循此進步，哲學思想者當可藉以開闢新的天地。

科學經驗論自其前身維也納學派發端於德奧以後逐漸向英美流派。流向英國的一支更受經驗論的故鄉之浸潤。流到美國的一支則受實用主義與工具主義老家之影響。這些因素使正在發展之中的科學經驗論徐徐改變。也許，科學經驗論可能逐漸克服其本身如前所述的種種困難或不甚融通之處，而向有利於哲學思想界的途程發展。

——原載《國立臺灣大學文史哲學報》，期二（臺北：一九五一年二月）

11 關於metalanguage與objectlanguage，請參看R. Carnap, *Foundations of Logic and Mathematics*.

5 政治科學底指歸

目標：本文構作底立意是列舉並批評自古至今影響政治實際的重要人理因素；同時進而爲政治科學底建立「掃開一條出路」。

方法：作者在運思時係受邏輯經驗論之指引。因而作者所用方法是邏輯解析。

依此，如果作者在這裡的論列及其結論與若干人士視作「眞理」的情感牴觸。那麼這只能視作一個心理事件。

邏輯解析只對認知負責，不對任何情感負責。

政治一詞底界說：這裡所稱「政治」係指「對人眾底共同事務之決定」（decision）。

在這個界說裡有兩點必須注意：第一是人眾底「共同」事務。如果有的事務不是人眾所共同的，譬如說個人私事，（例如行深呼吸，關起門學電影明星照相，自己聽自己的心跳），那麼不屬政治範圍。即令是極權國邦，也沒有規定人眾每日走幾千幾百里幾十幾步之可能，亦無此必要。第二是「決定」。政治之所以或其爲政治，最核心的一點是對人眾底共同事務保持著作種種決定的權力。許多人喜歡「搶政權」，基本原因之一在此。一旦政權到手，他就可以對人眾底共同事務作種種決定。一個人或一個政治組織能對人眾底共同事務作種種決定，他或他們的支配欲就可以得到滿足，或者是「理想」可以實現。就政治之決定力這一點而論，無分於民主與極權。二者之不同：在決定力底來源和強度及怎樣更易。如果沒有決定力這一核心，如果政治只是服務人眾之事，那麼，政治與青年會所作的事務殆無不同之處。

構成政治的因素或條件很多：有經濟的，有心理的；有屬傳統的，也有屬於自然環境的。我們現在所要列舉和批評的是心理及傳統的因素或條件。這些因素或條件，我們總名之曰人理方面的因素或條件。我們在這裡所說的「人理」之「理」與「物理」之「理」屬於同一範疇：二者都是可觀察、可實驗及可解析的。總而言之，二者都是可用嚴格的科學方法處理的。復次，這裡所說「物理」中的「物」與唯物論者所說的「物」在字形方面雖然相同，但意指則毫不相干。這裡所說的「物」只是一個純記述的名詞。科學不談「宇宙本質」這類問題。這正猶之乎科學之不談「現象」問題。「本質」和「現象」的區別是幻想家和文字遊戲者底產品。這類造別，科學不需要，因此在科學中毫無地位。

從人理方面著想，影響或決定政治的人理因素之發展，爲了敘述的便利，大致可分三個階段。

第一個階段可以說是初民階段。這一階段影響或決定政治的人理因素是酋長之流底權力欲。酋長之流靠著什麼來建立、鞏固，並發揮其權力欲呢？除了暴力以外，還靠酋長之言、巫師之言、這些人所言，大部分無眞、假、對、錯可說；而多訴諸神話、情緒、情感、利害和傳說。儘管如此，初民對於這些東西是絕對信仰的。除了武力和巫術以外，部落首領底權威就是建立於這些東西所形成的心理力量對於初民心理拘束之上。在若干地區，部落首領，在巫師底協助之下，常幻化而爲與神祇有關聯的東西，或者他就是臨降人間的神祇。他能降福降禍。因此，他能贏得初民底畏懼與擁戴。「天子」觀念就是從這一條路衍化出來的。「君權神授說」是這種衍發之最成熟的例證。

第二個階段姑且叫做傳統時代。傳統階段底政治基本動力是君王底權力欲。在或多或少的程度以內，傳統時代底人理建構是配合君王之權力欲的。傳統時代，在一方面基本地保有第一階段的主要原素；在另一方面加添了新的原素。這新的原素是「聖人」之教，或哲學家之言，或僧侶底經典。這些東西，乃神話、玄學、倫教、理想、情感和經驗之糅合品。因此，有的有眞、假、對、錯可言；有的則沒有。在東方，聖人之教於穩定君權方面起了很大的作用。在西方，僧侶底經典和若干正統哲學家之言曾長期穩定著社會生活；雖然，後來教權因與政權衝突而教權逐漸向天上退卻。科學底興起與科學知識及技術之普遍化，實徵底硬度逐漸增加。實徵底硬度逐漸增加，神學與玄學對科學逐漸讓步。讓步底結果，產生一種許多人懷抱的期望，即是想以神學與玄學統領形上界域，以科學統領形下界域。（在科學一日千里的今天，還有人希望保持這樣的態勢。）所以，在這個階段之中，影響或決定政治的人理因素是半玄學半科學的因素。這一階段的政治思想或政治學說因之也是半玄學與半科學底雜湊，及情感與理知底混合。在這一階段，得勢的哲學，不是也不會是純理知的專技哲學（technical philosophy）；而是駕凌人眾之上的聖諭哲學（oracular philosophy）。做一個「哲人王」（Philosopher King）似乎是許多人所認爲的領導政治者之範型。弄哲學的則替人眾底政治作理想的設計：通過現實的權力或運用其他力量來實現他底「一套理想」。（目前還有人想過這種癮。）這一階段的政治雖有濃重的神祕色彩，並受神學、玄學和經典的影響，但是，正因如此，政治局面比較穩定，而且倫範的考慮之成分比較多。因爲，神學、玄學和經典都是長期孕育出來的東西，而且長期具有社會的支配力。復次，在這一類因素影響之下之從事政治實際者，不過在於對新的知識與技術，主要地憑著對傳統的把握。因爲，這一階段的政治主要是受傳統的支配或影響。所以，我們把它叫做傳統時代。

第三個階段是動亂階段。第三個階段在大部分的宣傳上是反傳統的。其實，稍一分析，我們立刻可以發現動亂階段底政治人理原料大部分還是襲自傳統階段。動亂階段之從事政治者在宣傳上將傳統階段中的「理想」之尚爲多數人憧憬而猶未實現者套取過來，他們宣稱要實現傳統階段尚未實現的那些「理想」。在另一方面，他們集中力量抨擊傳統階段久已暴露的諸種弱點。在「理想」方面，動亂時期並沒有什麼新發明。在宣傳與組織技術方面，動亂時期則有不少的新發明。至少，就動亂時期的群眾運動所包含的因素而言，它包含著初民時期與傳統時期的主要因素。所以，動亂時朗，在一方面固然可以說是傳統時期底反動；在另一方面則實在是傳統時期底承繼。在動亂之初，被宣傳與組織的人眾之大部分還是受傳統薰習的人。這些人底基本觀念還是傳統所賜予的。如果動亂之初的宣傳與傳統觀念截然不同，那麼便不爲他們所了解。宣傳者所說的話，本來就在你底心裡。

動亂時期的群眾運動常充分流露人群的原始衝動。在這個時期，常有人以救世主的姿態出現。這種救世主底拿手好戲是藉宣傳與組織來掀起「群眾運動」以從事「革命」。救世主們抓住人眾底本能需要或集體的光榮感誘導人眾趨向「光明」、「美麗」、「偉大」，但卻甚爲遙遠的遠景。彼等藉宣傳的手段激發人眾奔向此一語言幻構之遠景，若夜蛾撲燈，若火牛陷陣。所以，動亂時期的特徵就是狂熱主義（fanaticism）盛行。在狂熱主義盛行的時代，人眾底反應是純情緒的：只有對其所執贊同與否的問題，沒有什麼道理好講。就算有道理好講，那也只是片面裝飾其狂熱或征服反對者之工具而已。演講、呼口號、貼標語、開大會，是這一時期底例行功課。

救世主常有開山的救世主和繼承的救世主之別。大致說來，開山的救世主確常懷救世之心，因之所作所爲少爲一己權利著想，而較富理想色彩。但是，到了繼承的一代，鮮有不利用群眾底熱情而達到個人底政治目的者。開山的救世主之所事，常在宣傳與組織階段，來不及享受「革命果實」。到了繼承的一代，多經過宣傳與組織而進入領導與統治階段。這一代進入領導與統治階段，就要開始享受「革命果實」。享受「革命果實」者，鮮不變質而成較昔日專制君主遠爲猛厲的新式極權暴君。到此地步，「革命領袖」常把他底權力欲發展到最高峰。但是，一般人猶爲流行的標語口號所蒙，生活於脫離現實的幻想世界，而不覺新的災難已經臨頭。近五十年來，世界若干地區就陷入這種可悲境地。

在上述三個階段中，我們現在所要著重論列的是第三個階段。這也就是說，我們要著重論列動亂時期。之所以如此，有三種理由：㈠初民時期和傳統時期不包含動亂時期所有的新因素，但是動亂時期包含初民時期和傳統時期底若干重要因素；㈡動亂時期與我們的關係最密切；㈢分析了動亂時期，我們可以看出政治科學底指歸何在。

我們現在要問：動亂時期何以形成？

動亂時期底形成原因是夠複雜的。我們現在所要指出的也只限於其人理因素。

一、急迫的需要。人有人所不易甚至不能克服的急迫需要。食欲就是其中之一。解決食欲在初民時本係一本能問題。然而在現代因食物底分配受制於其他許多因素，以至於把這個問題弄得很複雜——從技術的層界擴張到政治層界以至於心理層界。當著大多數人得食困難時，如果有一項社會思想以堂皇的狀貌出現，直接訴諸胃部怎樣塡滿的問題，並藉挑起本能的妒嫉與仇恨及鬥爭為解決的手段，那麼這項社會思想便可成為一種具支配力量的思想。從一方面看來。這種思想係爲解決一項急迫的需要；但是，從另一方面來看，這種思想在一實際歷程中卻掀起暴亂。因爲，饑群喪失理知，餓火中燒，相信「最直接的手段是最好的手段」，這種置境，稍一組織，即可轉化爲暴亂團體。暴亂團體一經出現，獨裁的權力常緊躡其後。可是，這種權力一經樹立，饑群底渴望就幻滅無遺。

二、危懼底邊沿。現代若干地區裡的人最可憐的情形之一，乃經常陷於危疑恐懼邊沿。陷於危疑恐懼邊沿的人，有如失足落水之駒，其心理最不能自持，對於當前的情況看不清楚，對於前途更感到渺茫，總而言之，陷於危疑恐懼邊沿的人在心理上最脆弱。弱城易攻。心理脆弱者最易聽信滿有把握的肯定語言。他們像一群覆舟者，只要有一根蘆葦攀附便覺安全。總括說一句，陷於危險恐懼邊沿的人是一群「六神無主」的人。一群六神無主的人最易受人鞭策。他們可以成爲暴亂臨界線上的奴隸。

三、社會神話（social myth）。作者在此所說的，「社會神話」，所指頗廣，不僅指著民俗學中所說的社會神話而言。任何語句或一組語句，只要含在原則上亦不可印證的成分，作者都叫它社會神話。這樣的社會神話，不以邏輯與經驗爲根據，而只訴諸一般人天眞的想像、情緒、如願的想法等等。所以，意理（ideology）和主義，都包括在這裡所說的「社會神話」之中。人底意識有一種堆層（stratification）情形。這種堆層情形與地層底層疊情形多少相似。在意識作用中，如果我們承認了第一層，那麼便容易接受建立於其上的第二層……。依此，本來就普遍地信仰主義者，就較易接受某一特殊的主義。如果有一個人本來就認爲「人不可以無主義」，那麼他就有一個尋找並迎接某一主義的行爲趨向。在這種情形之下，如果有某一主義宣傳甚力且與他的另一先在的知識或常在的心情相合，那麼該一主義即爲其所接受。這種情形，簡直可藉向量解析（vector analysis）來推測。不過，現代的大量問題，若欲謀解決，須藉科學知識與科學技術。不此之圖，而動輒乞靈於意理或主義，則對問題的解決，簡直是南轅而北轍。誠然，意理或主義之所以能推動人眾係靠訴諸人眾底直接感受，但由直接感受所作的引伸則常爲無可實徵的玄幻之想。這一部分的玄幻之想最易使人被誤導，撲向莫須有的理想，而造成現實的災害。

四、情緒。我們在此論列情緒是純然將情緒當作一項因子（factor）看待。所以，這裡對於情緒一詞的用法也就純然是記述性的，而不作任何價值判斷。情緒是盲目的心理作用。從情緒出發或建立於情緒基礎之上的思想因而也就不能不是盲目的。憑情緒之激舞來找問題之解決鮮不招致重大危險。所謂「盲人騎瞎馬，夜臨深池」是也。現代的幾個「革命運動」，在發展進程中，總是靠詩歌、小說等文藝作品或音樂來「喚醒群眾」。文藝作品或音樂所憑以「喚醒群眾」的資財，無非是情緒。這些情緒工具所培養與激發的又是情緒。於是「群眾」所走的路線就是情緒路線。情緒路線，與視科學的理知路線，眞是有天壤之別。無論何人，一旦置身情緒路線，就可能變得很盲目，很易衝動，很短視，很易受背後牽線的人擺布。

上述四者並非截然的劃分，而係爲敘述的便利。這些因素只要發生壓倒理知的主導作用，且又被野心者流所轉化或利用，動亂時代便即來臨。動亂時代既已來臨，本「動者恆動」的慣性原則，非氣盡力竭，是不會終了的。

除了極少數想亂造時勢的人以外，一般而論，大多數人是厭亂的，他們渴望動亂時期結束，而獲致太平。怎樣結束動亂而獲致太平呢？對於這個問題的解答則頗有紛歧。大致來說，有人想藉傳統的倫教來恢復世界的秩序；另外有許多人認爲恢復傳統的倫教已不可能；要結束動亂必須建立新的社會秩序。在這二種不同的看法之中，那一種對呢？我們且先考察前者。

第一種人多半是些傳統主義者（traditionalists）或是受傳統主義者影響的人。傳統主義者認爲遠古的事物是美好的。柏拉圖把遠古看作是「黃金時代」。東方的聖人主張「述而不作，好古敏以求之」。傳統主義者說古代最有價值的東西是倫教。倫教底中心內容是倫範（norms）。倫範是人心固有的，是先驗的（a priori），是普遍的。因此，倫範的效準，不受時間與空間之限制。所以，倫範無問古今皆可通用。古代聖哲之所以偉大，就在他能製作這種倫範，垂教萬世。社會愈動亂，離開聖哲倫教愈遠。離開聖哲倫教愈遠，社會也愈動亂。我們要結束社會的動亂。就必須回到古代聖哲底倫教中去。而古代聖哲底倫教是在歷史文化中實現的。所以，如果要回到古代聖哲底倫教中去，就必須回到歷史文化中去。

在這種說法之中，隱藏的無根假設太多，我們簡直可以說，這種說法是建立於一串無根的假設之上的一串無根的說法。以爲古代的事物是美好的，根據何在？何以見得倫範是先驗的？有效於甲時甲地的倫範何以也有效於一切時地？

倫範是否出於先驗的，這個問題我們且不去管。我們現在只從一實效的求證（pragmatic justification）觀點來看這個問題：退一步說，就算倫範是出於先天，但須在後天由教育培養之，又可由後天失之。這樣一來，肯定倫範是出於先天的，在實效上有什麼幫助呢？

世界應不應該向前發展是一個問題。在事實上，世界是不斷地向前發展。世界在不斷向前發展中，不斷地有新的因素或事物出現，因而也不斷地有新的價值觀念或倫範相應出現。誰能拉住世界使不向前發展呢？誰能證明傳統的倫教適合新的世界呢？……稍一解析，就會發現諸如此類的問題。諸如此類的問題，傳統主義者不能給予可實徵的解答，所以只有談玄。

建立新的社會秩序之說，是一個大帽子。在這個大帽子底下，有許多枝節不同的內容，我們現在不能討論。我們現在所要問的是：怎樣建立新的社會秩序？我們底解答是：運用科學知識與科學技術。談到這裡，也許有的人士大搖其頭。他們認爲科學管不了這麼多。科學發達底結果，世界只有愈亂；科學不能到達心靈世界；科學不能作價值判斷。這些是常可聽到的反對論調。我們與其說這些論調眞有所據，不如說係出於對科學之不甚了了。有些簡直是閉著眼睛說瞎話。我們且將這方面的理由梗概陳述如下：

一般所謂科學造成世界災禍者所說的「科學」，不是科學底全部，只是科學底一部分，甚至只是科學之不根本重要的部分。他們所說的科學，是砍掉了科學的頭以後所剩下來的手與腳。科學的頭就是科學的態度、理論與方法。科學底手與腳是科學的態度、理論與方法所產生的科學技術。科學的態度尙懷疑，重實徵。科學的理論係本乎經驗。科學的方法重解析、觀察、試驗。這樣的態度、理論和方法，怎會製造世界災禍呢？事實上是這樣的：科學的進步領先，倫教底進步落後。現在，地球上大部分的地區還是受禁制（taboo）、「主義」、社會神話（social myth）等等因素支配。這些因素與科學的態度、理論和方法是大相逕庭的。但是，在這大部分地區還是受這些因素支配的同時，若干人已經善於操縱科學技術。這就是神話其腦而科學其手了。神話其腦而科學其手，世界豈有不亂之理？近幾十年來的信條戰爭、主義戰爭，都是明證。這些戰爭是人類原始衝動的遺痕。重解析重經驗的人絕不會爲些空中樓閣的信條或主義而作撲燈之蛾或衝陣之火牛的。如果要用科學解決問題，那麼不可砍去科學最基本的部分而用其枝節，而是要全部地採用科學：除了科學技術以外，尤其要採用科學的態度、理論和方法。

也許有人說，科學不能接觸心靈世界，因而不能作價值判斷，怎能用來解決全部的人生問題呢？我們並沒有說科學能夠解決全部人生問題。直到目前為止，科學所沒有解決的問題正多著哩！我們只是說：如果有一個問題X，用科學方法尚且無從解決，那麼從別的途徑去解決，結果不是更糟，便是離題更遠。科學是解決人生問題之最可嘗試的途徑。例如，解決經濟問題，落後地區的人眾不知道可由科學技術來解決，而聽信野心家煽動，從事打殺破壞，結果招致更大的災害。其他事例類推。雖然，科學尚未解決的問題正多；不過，就「心靈世界說」，科學所已觸及的深度與廣度，遠非沉於玄想者流所能企及。而且，科學在這一層界的成就之實際的應用正與日俱增。巴夫洛夫（Pavlov）的發現，弗洛伊德（S. Freud）底心理解析，心理病理學（psychopathology），psychosomatics，心理神經學（psychoneurosis），等等部門正在幫助我們進窺「心靈世界」之奧秘。我們找不出任何理由說，這些部門底科學之成就，有不逮玄學家藉「心領神悟」或內省觀察或玩弄文字所得結果之處。誠然，科學不能代我們作價值判斷。哲學也不能代我們作價值判斷。任何學問都不能代人作價值判斷。擺出岸然道貌來代人作價值判斷者，常為自覺應作兆民心靈主人之徒。此輩生在專制時代就是幫閒；生在今日就是幫兇。固然科學不能代人作價值判斷，但可提供他人以作價值判斷時所需的經驗知識基礎。此點於大量價值判斷時尤然。例如，田納西流域之開發問題。所以，科學雖不能代人作價值判斷，但大有助於人作價值判斷，何者有益於人生，科學知識所告訴我們者，遠較來自其他來源者穩妥。科學家永不說吞服尼古丁可致健康。科學家亦永不說梅毒為衛生的要素。至於「殺身成仁」之說，科學家是不會輕信的。

在前面，我們所陳示的是說要建構適於人生的社會必須以科學為知識和技術的基礎。我們現在要進一步地陳示政治學怎樣有成為一嚴格科學之必要並且怎樣將政治學導入嚴格科學之途。

依據上面關於影響或決定政治的人理因素之發展底幾個階段之列指，我們可以看出，自古至今，特別是近幾十年來，政治事務在許許多地區之所以成為災害，主要地是源於較少數人的權力欲之常不得健康發洩，以致攪動較多數人隨之興風作浪。而這較少數人之所以能夠攪動較多數人隨之興風作浪，係由於上述許多非科學的（non-scientific）及反科學的（anti-scientific）的人理因素作怪。今後我們要建構適於人生的社會，必須盡可能地將這些非科學的及反科學的人理因素排斥於政治事務之外，而將合於科學的因素導入政治事務以內，予權力以適當的安排。我們要能達到這樣的目標，首先必須使政治學自身步入嚴格科學之途。

怎樣才能使政治學步入嚴格科學之途呢？這包含消極和積極兩個方面。

到目前爲止，除了拉斯威勒（H. Lasswell）等人把政治學帶向嚴格科學的道路以外，無可諱言，就現狀而論，政治學還滯留在科學前期的（pre-scientific）階段。滯留在科學前期的政治學，是傳統思想、早期哲學、如願想法、情感情緒、圖畫想法、玄學、倫教和前期科學成素底混合品。政治學如要成爲嚴格的科學，首先必須將其中諸如此類科學以外的（extra-scientific）因素盡可能地剔除。這話並不涵蘊，現在的政治學裡完全沒有科學成素。有的。但是，當科學成素與其他非科學及反科學的成素攪混在一起時，政治學就被這些成素所累，而不得（至少亦不易）步入嚴格科學之途。所以，現在想把政治學帶向嚴陪科學之途的人之一重要工作，是及早精明地發現政治學中如上所述的那些科學以外的成素。這就是爲科學的政治學之建立而做的清道工作。

也許有人說，這麼一來，就是一筆抹煞傳統。在實際上，人是不能完全離開傳統而生活的。所以，我們不能完全抹煞傳統。

這個問題之提出，可謂與我們所從事的科學工作毫不相干。尊重傳統，正像敬祖一樣，是民俗學方面的事體。清除政治學中之非科學及反科學的成素，乃一嚴格的學術工作。二者不可混爲一談，一個研究政治科學的人儘可以十分尊重他所在的社群或民族之傳統，但他不可因此而把他底尊重之情帶進政治科學範圍以內。否則他只是以研究政治科學爲名，而行作民族史詩之實。民族史詩在別的方面也許不爲無用；但在科學中毫無地位。研究政治科學者，對於既有的政治學遺產，根本不預先依據是否尊重傳統而定去取。他只事先確立科學的政治學之標準。如果既有的政治學遺產完全合於這個標準，那麼便毫不遲疑地全部予以保留。如果既有的政治學遺產只有一部分合於這個標準，那麼他便保留一部分。如果既有的政治學遺產全部不合於這個標準，那麼他便毫不遲疑地全部予以放棄。這就是科學的態度，總而言之，一個嚴格的政治科學家之是否保留或放棄既有的政治學遺產，或保留多少，壹是以它究否合於科學標準爲考慮之唯一充足而又必要的條件，決不攙進任何其他條件。否則，他也許是一個宣傳者，而不是政治科學家。在事實上，如前所述，既有的政治學遺產並不是只有非科學及反科學的成素，而是也含有科學的成素。既然如此，研究政治科學的人就須將這種成素提煉出來。這麼一來，就是對既有的政治學遺產部分地保留了。不過，我們說研究政治科學者對於既有的政治學部分地保留，這話絲毫不涵蘊，新舊之調和折衷。「調和折衷」就是不講理之別名。我們在這裡之部分保留既有政治學遺產，是完完全全把它當作合於經驗與邏輯的材料來處理。我們在處理這種材料時，並不把它裝在舊有的系絡（context）或意義底襯托以內，而是把它從原有的系絡或意義襯托以內釋放出來，重新安排在科學的理論架構（theory-frame）以內。

政治科學底目標，除了滿足政治科學家底理論興趣以外，還在爲人眾生存關係之決定上提供知識與技術。粗疏地說，政治科學底目標之一是爲人。政治科學底目標之一雖係爲人，可是，我們因要將政治科學帶上科學之路而正在從事理論建構時，卻不可絲毫在理論建構作用中攙入人的因素。我們正在建構政治科學時，所需的建構因素，有而且只有邏輯與經驗。除邏輯與經驗以外，任何人的因素之攙入，都足以阻滯政治學向科學之路前進。我們在前面所說的那些因素，不幸都是人的因素。所以，在我們從事政治科學之建構時，必須有意盡可能地將那些因素刷滌出去。

其實，作者在此所指示的，就科學底發展而論，並非什麼新鮮的道路。在事實上，這是一切已有成規的科學所走的道路。物理學在亞里士多德時代，受著目的觀之約束；在牛頓時代，受著機械觀之約束；在牛頓以後，又受「最小抗力」觀之干擾；以太假設，也困擾著若干優秀的物理學家。汨乎愛因斯坦時代，物理學擺脫了這些人的因素，而得以無掛無礙地發展了。經濟學一科，在從前很難說是科學。從前的經濟學動不動要講「主義」，動不動「意見」盈篇。在現代的經濟學裡，這些人的因素愈來愈少了。我們很難想像，在經濟計量學（econometrics）裡，怎樣攙得進「主義」，如何鬧「意見」，現代經濟學是向著純科學的道路邁進了。經濟學能夠如此，政治學為什麼單單不能呢？

我們將政治學內部之科學以外的成分清除了以後，必須更進一步地為政治科學做建設工作。政治科學底建設工作，必須從科學的整合（integration of sciences）開始。

一門學問起源得是否早乃一回事，它是否定上科學之路則係另一回事。有些學問雖說起源得早，可是它卻遲遲未能成為一門科學。政治學就是如此。之所以如此，可以說是受過去歷史條件底限制。科學雖然分門別類，但常有或多或少程度的相倚。邏輯與數學相倚。化學則倚賴物理學。心理學倚賴生理學和生物學。……就科學的建構說，愈是倚賴其他科學的科學，其建構愈晚。例如，數學與物理學如未發展到相當程度，理論化學是不會出現的。生物學與物理學如不發展到相當程度，生物物理學（biophysics）不可能出現。……各門科學之間的建構有一定的邏輯秩序可循。依照這一事實，我們也就可以明瞭，為什麼政治學早在亞里士多德時代即已有之但至今尚未嚴格科學化之理由。從科學之際的建構秩序觀察，政治學是一門次級科學（secondary science）。這裡所謂次級科學，意即建立於其他科學之上的科學。因此，它所倚賴的諸門科學如未發展至一地步，政治學即不能成為科學。（它所依賴的諸門科學，相對於它們所倚賴的科學而言，又是次級科學。）其他依此步步後退。政治科學所須依賴的科學是群眾心理學、變態心理學、心理病理學、經濟學、文化人類學、社會學。這些學問在從前沒有成為科學，所以政治學遲遲未能成為科學。現在，這些學問逐漸步入科學之途了。所以，政治學應須趕緊以之爲基礎來從事科學的建構。我們說政治學應須趕緊以這些學問爲基礎來從事科學的建構，這話並不涵蘊，政治學家必須盡通這些學問，這是呆子做的事！政治學家對於這些學問所需通曉的只是這些學問之與政治學相干的部分。我們怎樣決定這些學問之與政治學相干的部分呢？這必須求之經驗科學底整合。在經驗科學底整合中，我們就可以知道諸經驗科學因應一種要求而輻輳時所構成的廣度與深度。以科學底這一整合爲基礎，政治學就可逐漸步入科學之途了。

成爲科學以後的政治學，會產生一些什麼結果呢？

(一) 有進步無革命

「革命」是落後地區底政治瘟疫。那一塊染上了這種瘟疫，那一塊便陷入重大的動亂、痛苦和死亡之中。落後地區底人眾常困於迫切的物質需要之中，人身又苦於暴政的煎熬，且由自卑感所產生的虛榮心亟待滿足。在這種情況之中，他們亟思充實物質需要，擺脫暴政的枷鎖，並且滿足空幻的虛榮心。然而，他們實在不知道應該怎樣辦才能達到這些目標。在這一時分，如果有人以彌賽亞的姿態出現，他巧妙地宣傳，自稱法力無邊，說他能以最直截了當的方法在最短的時間以內創造一個理想國，實現大家美麗的希望。「望梅可以止渴」。饑渴之眾只有跟著他跑了。

旋風確曾吹垮了地面許多建築物，吹折了無數木樹。革命的氣流摧毀力之所及，確曾產生一些表面的改變。國號變了，旗幟變了，紋章變了，服飾變了，街道的名稱更新了，……這些改變確曾令許多人因舊有仇恨標記之消失而感到快意；這些改變確曾使若干人耳目一新；這些改變也確曾掀引無數人底美麗遠景。所以，「革命」有它暫時的迷醉力。然而，旋風可以於一夜之間吹垮一座舊樓房，旋風不能於一夜之間建立起一座新樓房，同樣，革命的氣流可以在短時間之內造成表面的改變；可是，它不可能在短時間之內實現大家底美夢。

恰恰相反，革命底代價是太高了。付出這樣高代價的是大多數從事革命之眾；而擷取「革命果實」的則常為隱身幕後的革命策動家。革命被掀成一個氣流以後，反而常可被利用作「鎮壓」的工具。因此，在「革命成功」以後，新政權建立之時，一般人眾所受的迫害與壓制常遠甚於過去的統治之加於其身者。在「革命成功」以後，首先受到鎮壓和清除的，常為「革命群眾」。俄國底老布爾希維克們，並非死於沙皇之手，亦非死於「帝國主義者」之手，而是死於「革命導師」之手。復次，舊有的事物和人底原始本能衝動，倒被革命拖帶出來了。

想藉「革命」解決問題，等於飲鴆止渴。

時至今日，我們必須明瞭：我們所亟待解決的許多問題是很複雜的，牽涉又是很廣闊的。我們要有效地解決這些問題，首先必須冷靜地對於這些問題所涉及的性質和眞相有所明瞭，然後再對症下藥，講求切實可行的方法。這就得求助於科學知識和科學技術。政治科學是這類科學知識和科學技術底導發科學。關於權力問題的解決，當然不要請教槍彈，而應請教心理解析家和心理病理學家。如果德國當初有完善的心理病院，那麼希特勒可望不致闖禍。其他政治問題由此類推。依科學知識與技術來決定政治問題，固然缺少大遊行或滿地流血等壯觀鏡頭，但社會可獲致實質的進步。這可由尚科學與尚革命兩種地區在實質上的懸殊之對照得到證明。

㈡有行政而無鬥政

我們在這裡所說的行政是administration。我們所說行政之最佳的例樣是郵政。我們在這裡所說的鬥政是通常所說的politics。通常所說的politics含有一種壞的意涵（bad connotation），即是「勾心鬥角」。所以，作者暫且將politics這個字譯作鬥政。鬥政所指謂的是政治利害衝突之心計的運用，而且從事鬥政的各方面對於心計的運用如打麻將者之密而不宣，恭候臺光上當。鬥政是政治的冷戰。射擊戰則是政治的熱戰。二者有前後階段可以劃分。一個國邦內部是如此；國邦與國邦之間也是如此。無論怎樣，鬥政是政治不能「開誠布公」

底產品。從事政治者之所以不能開誠布公，除了受原始本能的支配和利害衝突所左右以外，就是在彼此之間沒有建立解決問題的共同標準。大家要想建立解決問題的共同標準，有而且只有本於科學知識與技術。之所以如此，因爲科學知識與技術沒有任何民族色彩、階層色彩、社團色彩，以及個人色彩。科學知識與技術對於任何民族、階層、社團和個人是中立的。它是「大客觀的」東西。大客觀的東西才能據之以作解決政治問題的共同標準底基礎。這樣的標準能夠建立起來，有什麼問題大家可以像討論數學問題一樣明明朗朗地談，而且勾心鬥角的把戲在科學知識與技術（如測謊機、概然率之推算等等）燭照之下無所遁形，大家用不著「來那一套」，於是鬥政就消失了。

鍊丹術是化學前期的東西。占星術是天文學前期的東西。同樣，鬥政應該看作是政治前期的東西。政治中把政治前期的成分滌除了，剩下的要素以及應須增進的要素就是行政。行政是獨立於一切政黨、階層、社團和個人的東西。它不加選擇地爲所有的個人服務。這裡最佳的例樣是郵政。郵政與人接觸最多，但是沒有人嫌郵政麻煩。如果有人三天不見郵差上門，他也許感到寂寞。政治要能做到這個地步，才算走上了軌道。

政治如果這樣上了軌道，那麼便不是「管理」人眾之事，而是「服務」人眾之事。政治如果成爲服務人眾之事，那麼政府底性質多少也要有所改變。例如，交通部就變成「交通服務中心」（Communication Service Center）；財政部變成「財政服務中心」，……教育部是根本沒有了。政府底性質既然由「管理」變成「服務」，於是政府官員的社會地位（social status）跟著有所改變。「政府官員」變成「服務員」。服務員既不「高人一等」，又不低人一等：完完全全平等。服務員所屬的總機構叫做「服務府」。

現在從事政治的人被分作兩種：一種叫作「政治家」（statesman）；另一種叫作「政客」（politician）。前者有恭維的意涵；後者有貶抑的意涵。如果政治中只有行政而別無其他，那麼政治家與政客的劃分天然也就消失了。在這一條件所形成的情況之下，從事政治者底性質與工程師一樣。他是應用政治科學的技術專家底一種，因此他與任何技術專家在身分和性質方面都沒有分別。尤其是他沒有「領導群倫」的雄姿與天命。在這種情況之中。我們叫一個「政治學家」與叫一個「原子物理學家」所指謂的意義型模完全相同。

從事行政的「服務府」是否保有警察、軍隊和憲兵呢？這全視是否需要而定。「服務府」是否保有這些東西，頗似我們上山時是否需要拐杖。無論怎樣，「服務府」沒有拿保有武力作政治資本之事。「服務府」所經常保有的東西是些什麼呢？電子計算機（electronic computer）之類底東西。藉著這類儀器，再加上電視等工具之助，「服務府」得以將大家反應來的共眾意見加以精密的計算、傳布，並作調整。其調整之靈活，亦若經濟市場之調整早晚市價。到了這個地步，「服務府」才算爲大家「除礙」，並「開拓了無限眾多的可能」。因而權力欲也可在各種場合去滿足。生活在這種境界中的人眾，才不會覺得權力可怕，才不會覺得政府是一千斤重擔，才不會覺得有才智無處施展。而且人人得以各自爲其「最大幸福」努力，無需仰求一個大救世主來代庖。依近代的實例觀察，人眾仰求一個大救世主來「爲最大多數人謀求最大幸福」之日，即是它們向奴役之路邁進之時。前面有虎，行人止步！

若干人也許認爲，這麼一來，政治幾乎完全成爲機械式的事，我們在政治性的場合裡沒有發揮創造性的活動之機會了，這完全是過慮。我們在這樣的政治場合裡依然有充分發揮創造性的活動之機會。不過，在這樣的政治場合裡之發揮創造性的活動已不再訴諸原始本能的衝動，而是納入科學的軌範。誰說在科學高度發達的國邦裡當企業經理的人不能發揮創造性的活動呢？政治之事唯有經科學之精鍊（refinement），才能成爲一項可望不致跳到大家頭上的事，因而不復成爲藉權力作禍之源。復次，這種政治既然能爲我們「開拓無限眾多的可能」，於是我們底創造活動有的是出路，何患乎阻塞呢？更何患乎權力欲作怪呢？

——原載《祖國周刊》，卷十八期七（香港：一九五七年五月十三日）

6 羅素底後設科學及其影響

「哲學」這個名詞是頗令人困惑的名詞，也是一個易起論爭的名詞。歷史裡所說的「哲學」是「愛智之學」。顯然，愛智，只是一種心理狀態或行爲。心理狀態或行爲，可能成爲一種學科底研究題材，但它底本身並非即是一種學科。愛智的心理狀態或行爲屬於零次（zero order）。研究愛智的心理狀態或行爲的學科屬於第一次（first order）。一部分西方人士所謂的「哲學」，所指的實際是影響大多數人或造成「時代精神」的「社會思想」，東方傳統中所謂的「哲學」與道德倫理有密切關係。目前中國人一般心目中所謂的「哲學」乃「人生哲學」底簡稱。我們在這裡所要討論的羅素哲學，或者，至少，羅素哲學之本格的部分，完全不是上述意義的「哲學」。因此，如果有人據此而謂「羅素沒有哲學」，那末我們未嘗不可以欣然同意。因爲，我們並不一定要爭用「哲學」這個名詞。我們用「哲學」這個名詞時，也不覺得特別崇高。

羅素底主要貢獻，用時下的名詞說，在後設科學（meta-science）。後設科學所表譯的這個名詞之字頭meta與玄學所表譯的metaphysics這個名詞之字頭meta相同。但是，我們在此不可自行望字頭而生義，以爲後設科學也有何玄幻之義。沒有，一點也沒有！近來用meta這個字頭的學科愈來愈多。例如，metasystem（後設系統），metalinguistics（後設語言學），metamathematics（後設數學）等等。我們還可以有後設歷史（metahistory）。這些部門都是乾乾淨淨的科學，與玄學毫不相干的。

後設科學是做什麼的呢？後設科學底全部題材是全部的科學知識。後設科學家之對待全部科學知識，亦猶解剖學家之對待一具機體。後設科學家要對全部科學進行解析。解析一些什麼呢？解析科學底基本假設或設準、科學理論底結構、科學底方法、科學底語言、意義問題、眞假問題等等。傳統的知識論中之站得住的部分，都可容納到後設科學裡來。關於這方面的工作，羅素是二十世紀之偉大的創導人物。而他最高峰的貢獻，則爲數理邏輯。

在二千多年前，亞里士多德完成了《工具論》（*Organon*）；在此以後，一九一〇年，羅素與懷海德（Whitehead）合作完成了《數學原理》（*Principia Mathematica*）。這部巨著證示了一點，即純粹數學可在一演繹系統中符號地從少數邏輯元目（logical entities）推演出來。這一工作對於現代有關數學基礎問題的研究發生何等重大的啓導作用，這不是我們現在所要注意的。我們現在所要注意的是：它對我們提供了什麼樣的思想模式（mode of thinking）。它對我們提供了一個可藉符號演算來直接觸及的假設演繹的思想模式（hypothetico-deductive mode of thinking）。依這種思想模式，我們把頭緒找妥以後，根據一組規律，就可將所需的語句或結論推演出來。

其實，遠在紀元前三百年，歐幾理德即善用這種思想摸式。歐幾理德幾何學就是這種思想模式底展現。不過，歐幾理德底系統構作不及羅素底系統構作嚴密而完備。這種思想模式是建立科學底結構之必要條件，至少是建立高級科學如理論物理學者之必要條件。中國人底這種思想模式一直很不發達。我們常常拿情感、猜度、聯想，甚至利害關係當作推理方式。拿這些因素當作推理方式能夠產生一些什麼結果，作者感到四顧茫然；不過，有一點是作者所能肯定的，就是產生不了眞正的科學。我們要能產生眞正的科學，在思想上必須跟著羅素學習。

嚴格說來，科學以外沒有知識。如果我們說在科學以外尙有知識，那末這種所謂的「知識」也者，不外乎是：㈠科學前期的（pre-scientific）東西；或㈡擬似科學的（pseudo-scientific）東西；或㈢壞科學（bad science）。駕乎科學底理論與實際之上的理性論的論旨、機械觀、生機說、目的論、因果觀……，都是科學用不著的玄學產品。在羅素對於科學的解析之下，這些玄學的產品逐漸不復成爲籠罩科學之霧。科學漸漸撥雲霧而見青天了。

羅素底思想活動之特色就是嚴謹而不固執。綜觀他五十多年來思想發展底經過，可知他底思想內容常在改變之中。雖然如此，仍有些基本部分保持未變。他還執著原來的邏輯理論和知識理論。他認爲常識中的「物」是沒有的；常識所了解的「心」也是沒有的；「共相」並非柏拉圖的傳統所設想的那個樣子。不過，他依然不同意若干語文中心論者將邏輯與數學看成純語言符號的構造之看法。關於眞理論，他還是採取符合論（correspondence theory）。符合論爲經濟科學之所本。沒有這一假設，經驗科學的知識殆不可能。

羅素對於後設科學的貢獻所產生的直接或間接的影響是夠大的。而且，這種影響，羅素及身已可見及。這不能說不是學術思想界底一件盛事。近四十年來，從事科學底哲學而撇開羅素在這方面的貢獻，那幾乎是不能想像的事。因有羅素底創導，後設科學由軔發，充實，而得到長足的展進。這一展進，使科學得到方法論的光照。科學得到這種光照，於是也大爲展進，後設科學這一活動及其成果，可以收容在一個學術運動中。這一運動底招牌叫作「邏輯經驗論」（logical empiricism）。毫無疑問，邏輯經驗論是羅素底啓發之具體的成果。時至今日，邏輯經驗論對於科學研究之深入而廣泛的推動力，是眞正研究現代學術者所能共同觀察到的。

——原載《文星雜誌》，卷一期四（臺北：一九五八年二月五日）

7 科學教育的基本認識

梅貽琦先生接掌教育部之最顯著的特點，就是特別注重科學教育。去年十月十八日梅部長在立法院教育委員會聲稱，自由中國的「科學教育過分落後」，今後必須設法提高。消息傳來，所有自由、開明、進步的知識分子，無不樂聞。提倡科學教育，他怎樣著手呢？依據梅部長同日在立法院教育委員會的報告，我們知道他是預備從兩方面著手的。第一、「在中學教育方面，充實學校科學設備，並提高數理化博物等科之師資。」第二、「在大學教育方面，注意科學教育，增加科學設備。」這兩方面所涉及的對象雖有中學與大學之不同，但是辦法是一貫的，而且基本著眼點是一樣的，即是：注重自然科學及其技術。既然如此，我們可以知道梅部長心目中所想的「提倡科學教育」就是「提倡自然科學的教育」。關於這一層面，我們認為極有商榷的必要。

首先，我們要明白表示的，我們並非以為際此時日「提倡自然科學的教育」乃一不重要的事。其次，我們不能根據上面徵引的話斷定梅部長不知科學精神、科學態度及科學的思想方法之重要。我們在這裡要說的是：㈠就教育的百年大計著想，有較自然科學更為根本重要的科學精神、科學態度及科學的思想方法；㈡目前梅部長從事「提倡科學教育」，在根本上所走的還未完全脫離一八六三年以來所謂「辦理洋務」的道路。嚴格地說，這條道路只能說是治標。今日我們要提倡科學，必須更上一層樓，直接去治本。從歷史的眼光看去，一個國家或社會接受外來事物最初的動機，常常連續地影響甚至決定著其後學習之「選擇的注意力」、學習的心理以及學習的內容。學習科學本來可從兩方面著手：㈠從「為知識而知識」著手，即是為「致知」而習科學；㈡為「致用而習科學」。我們要把科學習好，從「為知識而知識」著手才是根本正途。可是，我們習科學一開始就抱著「致用」的目標，這已經差人一等，不僅如此，我們習科學並非出於自願歡迎，而是被「西洋人」的堅船利炮硬逼出來的。在這種心情之下習科學，潛意識中已經悶著一肚子氣；更加要向我們平素瞧不起的「夷狄之邦」學習。而且由此一學習舉動，證明我們堂堂華夏文明禮義之邦，尚有許多根本不懂的學問，這很有損大國尊嚴。在這種心理狀況和事實背景之下習科學，所以幾十年來總是不大順利。

簡括的歷史考察可以幫助我們對於這種情形得到親切的了解。

自鴉片戰爭失敗以後，中國常受西方列強欺凌。而西方列強恃以欺凌中國的，主要地就是科學知識與技術所形成的軍事力量和工業力量。中國經過英法聯軍入北京等等侮辱與挫敗，對於西方這股力量不能說一點感覺也沒有。薛福成記述胡林翼的一個故事可明此點：「有合肥人，劉姓，嘗在胡文忠公麾下爲戈什哈。嘗言楚軍之圍安慶也，文忠曾往視師。策馬登龍山，瞻眄形勢，喜曰：此處俯視安慶，如在釜底；賊雖強，不足平也，既復馳至江濱，忽見二洋船，迅如奔馬，疾如飄風。文忠變色不語，勒馬回營，中途嘔血，幾至墮馬。……蓋粵賊之必滅，文忠已有成算；及見洋人之勢方熾，則膏肓之症，著手爲難，雖欲不憂而不可得矣。閻丹初尚書，向在文忠幕府，每與文忠論及洋務，文忠輒搖手閉目，神色不怡老久之，曰：此非吾輩所能知也。」洪楊之亂平定以後，自一八六三年起，曾國藩、李鴻章這一輩人致力於辦理「洋務」。例如，在上海、天津等地開設江南機器製造局；選派學生赴歐美深造；購置鐵甲兵船，設輪船招商局；開辦水師學堂；設立南北洋電報局，種種等等。這些措施，都是因吃了洋人的大虧，感到非急起直追學習補救不足以圖存，而硬逼出來的。

但是，即令是這些出於被動的措施，也不爲當時士大夫所普遍贊同。一八七二年就有人提議停議停辦輪船製造局。主持新政的李鴻章覆議奏摺中期期以爲不可。他說：「……此三千年一大變局也。西人專恃其槍炮輪船之利，故能橫行於中國。中國向用之器械，不敵彼等，是以受制於西人。……」顯然得很，他們雖較當時一般文人經生了解「此三千年一大變局」，可是這種對於科學的了解畢竟是膚面的。關於這一方面，梁啓超的批評頗爲中肯。他說他們「知有兵事而不知有民政，知有外交而不知有內治，知有朝廷而不知有國民，知有洋務而不知有國務，……以爲吾國之政教風俗，無一不優於他國，所不及者惟槍耳、砲耳、船耳、機器耳。吾但學此，而洋務之能事畢矣。」從這一番批評看來，梁啓超對於科學的了解似乎比李鴻章輩高出一籌。可是，他對於科學的基本部分並無眞正的認識。因此，他的情感固然藉著他的筆端動搖了千千萬萬的人，可是也動搖了他自己，使他自己做了自己思想的俘虜。一九二〇年左右，歐洲大戰剛剛結束。史賓格勒（Spengler）的「西方之沒落」思想瀰漫歐陸。若干思想家將歐洲這一場浩劫歸咎於科學。情勝於理的梁啓超在這種思想空氣的感染之下，著作了《歐遊心影錄》。他在這部書裡，大斥科學之爲害人群，很動情感地指摘科學家的人生觀之流毒。正如胡適在《科學與人生觀》的序裡所說的：「他很明顯地控告那『純物質的純機械的人生觀』把歐洲全社會『都陷入懷疑沉悶畏懼之中』，養成『弱肉強食』的現狀，——『這回大戰爭，便是一個報應』。他很明白地控告這種科學家的人生觀造成『搶麵包喫』的社會，使人生沒有一毫意味，使人類沒有一毫價值，沒有給人類帶來幸福，『倒反帶來許多災難』，叫人類『無限悽惶失望』。梁先生要說的是歐洲『科學破產』的喊聲，而他舉出的卻是科學家的人生觀的罪狀。梁先生摭拾了一些玄學家誣衊科學人生觀的話頭，卻便加上了『科學破產』的惡名。」這一番話，無異把今日中國人的反科學言論，先期予以批駁。

在維新與守舊兩種思想激盪之際，出現了張之洞的折衷思想。他的這種思想表徵於一個口號：「舊學爲體，新學爲用」。張氏在《勸學篇》的序言裡說：「圖救時者言新學，慮害道者守舊學，莫衷於一。舊者因噎而廢食；新者多歧而亡羊。舊者不知通，新者不知本。不知通，則無應敵制變之術；不知本，則有菲薄名教之心。夫如是，則舊者愈病新，新者愈厭舊。交相爲瘉，而恢詭傾危，亂名改作之流，遂雜出其說，以蕩眾心。學者搖搖，中無所主，邪說暴行橫天下。敵既至，無與戰；敵未至，無與安。吾恐中國之禍不在四海之外，而在九州之內矣。」同書〈設學第三〉說：「新舊兼學：四書五經，中國史事，政書地圖，為舊學；西政，西藝，西史，為新學。舊學為體，新學為用，不使偏廢。」

張之洞所說「舊學為體，新學為用」就是後來所說的「中學為體，西學為用」之所自出。張之洞此說一出，可以調和新舊兩派，所以頗可迎合現實。他這一說，一方面將「中學」的「聖論」地位保住了，在另一方面也讓人在這一「不動搖根本」的條件之下肆習西學。

稍一分析，我們不難發現張氏這種說法是講不通的。這種說法固然給予中國人以情感方面的安慰和面子的滿足，可是幾十年來卻使中國科學未能向基本處生根與發展。「體」與「用」的劃分，毫無經得起推敲的根據。誰能於實際的運作中在「體」與「用」之間劃出一條界線？為了節省討論的筆墨起見，我們暫且在此姑且承認「體」與「用」這一劃分。即令承認這一劃分，張之洞的「中學為體，西學為用」的說法還是不可通的。「中學」之「體」是泛道德、泛價值、泛禮儀、泛感情的。科學如其有「體」，這個「體」是「為知識而知識」的基本態度及科學的思想方法。西方人因為有了科學的這種「體」，所以才展衍出科學的「用」。「中學」的「體」是那樣的一種「體」，而不是科學由之而展衍出來的「體」，那末怎能與科學銜接調和呢？僅僅把西方的一點點科學之「用」移植過來，在何處生根呢？如果沒有地方生根，那末怎會繁榮滋長呢？如果我們不培養一點科學的態度、科學的精神，並學習科學的思想方法，而只在目前這一復古的蒙昧的氣氛中學一點數理化，那末我們的科學教育永遠只像浮在泥水上的幾滴油而已。這個樣子弄科學，即使再花五十年，也不見得能使我們這個社會發生實質的變革。

在「中學為體，西學為用」這一口號背後，還有一種思想，即以「中學」為中國文化的根子，科學不過是外來加上去的枝葉而已。這一中國文化的根子，是特殊的，是有顏色的。科學是無顏色的，是中性的。無顏色的，中性的東西與特殊的和有顏色的東西並不衝突；不僅不衝突，而且科學應須從屬於這一「本體」。例如，現在西方世界，科學與基督教相安無事。甚至在共產世界，馬列主義駕乎一切之上。共產黨徒將科學放在馬列主義之下，也能構成一個可以運用的政治秩序。由此可見科學這一無顏色的、中性的東西，並不與各種民族文化或特殊的「意識形態」衝突；而是可以被安放在它底下，爲它而服務。既然如此，「中學爲體，西學爲用」這話可奉爲不朽的金科玉律。

過去的歷史和現在的事實都不爲我們證實這一點。凡稍有歷史常識的人都知道，在過去，基督教與科學之間的衝突是頻仍而嚴酷的。宗教對科學的逐漸而又出於勉強的讓步，只是最近才算到了尾聲。自古以來，科學家爲眞理而與教會權力衝突以致遭受迫害者，不知凡幾。根本原因之一在什麼地方呢？根本原因之一，就在有顏色的世界觀和社會觀永遠總是與無顏色的世界觀不相容的。而無顏色的世界觀又足以動搖宗教的權威，所以，演變所及，不是教權對科學家施以壓力，就是教權被科學削弱到無力再對科學家施以壓力。照我們今日看來，物理科學這樣無顏色的科學與宗教應該是不會有衝突的。其實不然。布魯諾（Giordano Bruno）旅行歐洲時，宣揚哥白尼（Copernicus）的天文學說，被教會斥爲「異端」，卒致於一六〇〇年時被焚身死。伽利略（G. Galileo）爲發表與聖經衝突的太陽中心論而備受教會迫害，更是科學史中有名的事件。紅衣主教巴魯尼斯（Cardinal Baronius）說：「聖靈只預備在《聖經》裡告訴我們如何走進天國，而沒有告訴我們天國是怎樣走的。」就在幾十年前，美國南部幾州聘請教授時，必須言明不教授達爾文的演化論。其他科學與宗教衝突的事例，多至不勝列舉。時至今日，科學與各種「意底牢結」（ideology）的衝突，則強烈地表現於政治衝突之中。

可知我們提倡科學教育，並且想要獲致有效的成果，那末必須從培養科學的根本著手。這裡所說科學的根本，即是前舉科學的態度、科學的精神，以及科學的思想方式。科學的態度表徵於一個設準。這個設準就是「什麼就是什麼」。凡是什麼而說不是什麼，不是什麼而說是什麼，都是反科學的。依照這一設準，我們可以作下列的展演：

第一，重經驗。客觀的經驗世界不隨人意調度。幸喜有這樣的一個世界存在，我們才有科學知識可言；第二、非權威。科學並不反權威（anti-authoritarian）但卻非權威（non-authoritarian）。這就是說，科學並不以反對權威或打倒權威爲目的，但是科學也不從屬於任何權威。無論是宗教權威，還是政治權威，或是道德權威，都不能加諸科學。在這些權威之中，如果有任何一種加諸科學，科學的研究結果一定因遭受歪曲而失其原形；第三、尚合理的懷疑。教條只可絕對信仰，卻不容許懷疑。科學是容許懷疑的。懷疑無寧係科學致知的推進方式之一。科學的精神是求精確，是在證據前放棄成見，是在由推論而得到的結論面前放棄感情。這就是「面對事實」。科學的思想方法是行解析，力求證據，並依據邏輯來得結論。由此我們才能得到科學知識。我們有了科學知識，才可免於個人、群體及文化中特有的偏見，並從而養成一開啓的心靈，以適存於當今競爭激烈之世。如果不走這一條路，那末我們不僅只能養成一批心胸閉塞的人，而且充其量只能教育出一批製肥皀、製蠟燭的技術人員。

現在，若干熱情有餘而認知不足的人士將赤禍泛濫歸咎於五四之提倡科學與民主。這種說法，絲毫經不起與事實對照。關於這種說法，我們現在只提出兩個問題：第一、直到目前爲止，環觀斯世，是科學昌明的地區赤禍泛濫，還是科學落後的地區赤禍泛濫？第二、近三四十年來，赤色思想之瀰漫，是眞正訴諸嚴格科學的說理所致，還是藉著詩歌、小說、文藝等等作情緒的鼓動和幻想的激發所致？

不錯，目前共產世界也在積極提倡科學。可是，我們不要忽略了，他們只要科學的一半。而且這一半是科學之不屬根本重要的一半，即是「製器利用」，共產黨徒不敢提倡科學的態度與科學的思想方式。科學的態度與科學的思想方式，像一個透明無色的玻璃板。任何顏色的思想或教條只要塗上去一點點，玻璃板上即刻可以清楚明白地看出來。這是任何企圖拿有顏色的思想來統治思想者所不能忍受的。共產黨徒能不能依據前述「什麼就是什麼」的設準，說「社會主義的天堂」裡人民的生活水準遠不及「資本主義的地獄」人民的生活水準？我們在前面說過，科學的態度尙懷疑。世界共產黨徒能否容忍治下人民對馬列教條懷疑？共產黨人的確是想拿馬列之學作「體」，拿科學的一半作「用」，以此構成其統治的精神骨幹。即令如此，他們還是必須對科學讓步。據《新階級》一書的著者吉拉斯透露，在鐵幕裡面，即令對於應用科學家，共產政權還得讓步：他們不能硬性規定科學家非究讀馬列主義不可。他們眼看科學家對於馬列主義淡漠的情形，也只好睜一隻眼閉一隻眼。事實顯明地擺在我們面前：科學的眞理與任何教條是無法調和的。不是教條掃蕩了科學，便是科學啓蒙之光廓清了教條。

依據以上的指陳，我們不難知道，自由中國要眞正想科學在中國生根，那末必須注重科學的根本部分。復次，我們要想在防止赤化思想方面收到實效，也只有提倡科學的態度、科學的精神以及科學的思想方式。這是我們對於提倡科學教育的基本認識。

——原載《自由中國》，卷二十期三（臺北：一九五九年二月一日）

8 科學及其基本

一、

近來臺灣有一眞正可喜的現象，就是主持教育的梅貽琦先生提倡科學教育。這一件事，在臺灣近年來提倡狹隘的民族主義教育和玄談歷史文化等等所搞成的烏煙瘴氣裡，可說是展露一線曙光。然而，就梅氏提倡科學教育的線索看來，他所注重的尚只是科學底應用或「製器利用」的那一層次；而未及於科學之純理論的，科學態度的和科學方法的層次。科學底這後一層次實在是科學底基本。如果沒有科學底基本，那末科學底應用便不可能產生。所以，如果我們要提倡科學，那末必須從培養科學底基本著手。如果科學底基本培養好了，那末科學之應用花果便可能豐茂。如果不然，我們提倡科學教育時只及於「製器利用」而不及於科學底基本，同時研究應用科學的人又是泡在一種反科學的社會意識形態裡，那末我們之提倡科學，正像將一株剪去根的花栽在盆裡，灑的水一乾再加太陽一照，這株無根之花就枯死了。中國自清末以來未嘗沒有提倡科學，而科學至今沒有在中國生根並且發榮滋長，根本的原因在此。所以，在一長遠的過程中，我們要提倡科學而有成效，必須從培養科學底基本著手。

二、

我們現在要明明白白指出：我們這個社會，雖然在器用方面許許多多人歡迎科學的產品，特別是美式事物，例如電冰箱、電唱機、自來水筆、尼龍絲襪，種種等等：可是，同時卻拒絕科學的理論、科學的態度及科學的思考方法，尤其拒絕將這些東西應用到人事和人理面：在我們這個社會所流行的「意識形態」，有許多是非科學的，有許多甚至是反科學的。這些意識形態，爲我們大多數人所未自覺地接受了。大家泡在裡面，於是習之而不察之，像海水裡的魚兒不知海水是鹹的一樣。這些意識形態是有礙於科學思想發展的。我們大多數人老是泡在這樣的意識形態裡，所以我們儘管手持派克牌自來水筆或耳聽美國唱片，可是我們腦海裡的想法還沒有科學化。我們是傳統其頭而科學其手。我們底頭和手脫了節、所以總有些麻痺狀態。阻礙我們的頭腦科學化的意識形態很多。我們現在列舉其中最具支配力的幾種：

㈠**泛禮儀主義**（pan-ritualism）。茲舉一例來說明它。我們在宴會中，或其他社交場合，常常碰到某甲對你的「學問文章」大肆恭維一番。尤其妙的，恭維你的並非素習你那一門的人。時至今日，在臺灣如果有學人不肯這樣做，那末他便大有「吃不開」之虞。如果他樂於這樣做，那末他底「聲譽」便會在朋黨大夥兒「鬨抬」之下，像滾雪球似地愈滾愈大。結果所至，他由這樣形成的「聲譽」，究竟是「學術聲譽」還是「社會聲譽」或是「朋黨聲譽」，弄得混淆不明。作者當然並不是說，人可以不講禮儀；而是說，我們不可拿講禮貌而掩蓋了或扭歪了學術方面的衡量。學術方面的衡量，涵蘊著「是是非非不稍寬假」這一原則。這一原則在科學裡是需要的。金岳霖和熊十力二位先生是中國現代卓越的思想家。雖然這二位思想家所代表的思想方向頗不相同，可是他們在學術上所顯示的風格則頗相似。作者師從金岳霖先生七年，從來沒有聽到他拿學問上的話當作應酬話來隨便恭維人。熊十力先生底思想作者從接近他的第一天起就不同意。現在，睽違二十年，我底思想之發展，愈來愈沒有法子接近他底思想。可是，他那眞摯而充滿性靈的人格和對學問思想的態度之謹嚴，卻予我以不小的影響。有一次，作者在北平他那冷僻的住宅裡，談起人好被恭維的問題。我順便問他：「你老人家（請注意：我們在他面前不能像現在的學生對老師隨便『你你我我』的；如其不然，他一定會當面破口大罵『混帳東西』。）喜不喜歡恭維？」「我嘛？」熊先生馬上打著湖北黃岡腔答道：「那要看恭維得是否恰合分際。要是恭維得恰合分際，我引爲知己，當然高興。要是不合分際，說些浮詞泛語，我很厭煩。」作者還記得他在說「恰合分際」四字時，大拇指和食指捏攏，做了一個很優美而準確的手勢。他這幾句話，對作者此後二十年的影響是很深刻的：作者二十年來雖然學無所成，但是從來沒有吸收一點浮泛的恭維之詞作自己底營養品。我一看到眼面前許多人物是吸收這種營養品長大的，而且繼續靠著這種營養品來做維持生命的維他命，就很容易了解這是一個什麼時代！從「泛禮儀」到虛僞，只有半步之差。在缺少求眞動機的社會裡，科學是不易成長起來的。

㈡**泛價值主義**。中國人底思想自古即受泛價值主義所薰染，一薰染直到現在尚未擺脫。中國人對事，一般而論，在沒有將眞相弄清楚以前，動不動愛問「好不好」或者「要不要得」。這種反應習慣，使中國人常把價值的考慮代替了對事實的認知，或讓價值的顏色蒙被了事實的眞相。只要這種反應習慣一日不改，我們便一日難學得科學底基本。

語言是思想之比較固定的記錄。我們從一種自然語言之語意的解析（semantical analysis）多少可以徵別出這種語言的社群底思想形態。在中國人一般的語言中，常常出現這類詞彙：例如，「某某人底思想『偏激』」、「某某理論『太偏』」、「某某說法尚屬『公允』」。在中國人寫的中國歷史中，我們常常看到什麼「忠臣」、「奸臣」、「烈士」等等字眼出現。

這類說法，在語意學中，叫做「功能的謬誤」（functional fallacies）。同一種語言，有許多功能。在這些功能中，有的可以聯綴在一起而成一新的功能；有的不能這樣。例如，推理功能與敘述功能可以聯綴在一起。科學語言就是這種語言。敘述功能與應然功能（imperative function）或導引的功能（directive function）很難得有意義地聯綴起來。將不可以聯綴在一起的兩種或兩種以上的功能聯綴起來，或者將某種功能的語言用來形容不屬同質群族的功能之語言，我們都叫做功能的謬誤。前面所說的「思想」如果不是列指一種「主張」而係列指「有所對照的思想活動及其結果之紀錄」，那末它是屬於敘述功能和推理功能的東西。屬於敘述功能和推理功能的東西，你要判斷它是否眞或是否對時，你只有看它對於事實所作敘述是否相符，或所作推理是否不悖邏輯規律。如此而已。這裡談不上「偏激」或「不偏激」。「偏激」或「不偏激」是你依你底價值判斷以及你求「中正和平」這一夾雜情緒的願望所構成的尺度。這樣的尺度，對於任何理論都用不上。我們不能用磅秤來量光線。復次，「公允」與否係對於某些種類的行為而言的。一個「說法」，如果是理論性的，只有眞假對錯可言，無所謂公允或不公允。我們說「某某說法尚屬『公允』」這種說法之無意義，正猶之乎我們說「某某人寫的有機化學尚屬『公允』」一樣無意義。

「忠臣」、「奸臣」、「烈士」等等名詞根本不是純粹的記述名詞（purely descriptive terms）。這樣的名詞是價值染色名詞（value-tinged terms）。價值染色名詞不合科學語言之中。一種語言裡，只要有價值染色名詞出現，這種語言便不是科學語言。它至多只是科學前期的（prescientific）語言。過去寫歷史的人，自覺地或未自覺地，把他們對對於史事的價值判斷，夾進對於史事的敘述之中。這是把語言底敘述功能與應然功能糅雜在一起。因此糅雜，我們得不到一部記述的歷史（descriptive history）。我們要能得到一部接近事實眞相的歷史，那末我們必須將「忠臣」、「奸臣」、「烈士」這類非記述性的名詞從歷史中根本剔除。一位純粹歷史家底工作是而且只是寫記述的歷史。對於史事作價值判斷的工作，如果是不可少的，那末最好留給道德家去做。

(三)**泛政治主義**。泛政治主義是無論對於文學、哲學、藝術、科學都不從其本身去衡量，而一概從一種政治觀點去衡量。這種辦法，本來是「自古已然」，不過「如今為烈」罷了。科學底許多部門誠然可以應用，但是科學並不特別作政治的工具。如果政治必欲拿科學作工具，而且強迫在每門科學中嵌入一個政治性的前提或觀念作出發點，那末科學一定被扭歪，而得不到正常的發展。前年吳大猷教授來臺，臺灣有些人不把他看作一位科學家，而只把他看作一位政治資本，當作明星來捧，希望藉他來裝潢臺灣，增加一點政治上的聲色。這幾年來，臺灣有勢力者對待「過往客人」都是這種手法。這在玩一套手法的人也許自以爲得計。可是，在稍明事理的人看來，這種作風太澆薄，而且離題太遠。在一陣火花放過之後，什麼也不留的。

㈣**泛祖宗主義**。初民崇拜自然，也常將有功的祖先藉著想像作用來神化而崇拜之。靜態的農村社會特別容易將這種初民心理和建構保持下來。即令到了今天，在我們底社會裡，還在許許多多方面流露這種心理。例如，有人談「歷史文化」不從實實在在的經驗事實入手，而一談就玄幻地凌空而起。但是，在這一凌空之間，彼等不自覺地將「歷史文化」中滲入「父親意像」，於是弄得「文化之父親意像化」。「父親意像」是一種原始的心理。所以，基於「父親意像」談文化，在心理之基底上是原始的談法。這種談法是毫無「理性」可言的。從這一條路入手，許多人又加添另一條論斷。他們認爲我們要接受或學習外來的東西，必須在自己底文化裡有根子。如果沒有，那末便無法接受。思想方面的東西，尤其如此。在事實上，外來的東西在中國文化裡找不到眞正根子的有的是。這樣一來，便使我們對於許多外來的東西——尤其是思想方面的——持「深閉固拒」的態度，或爲這種態度找到藉口，或者拿自己的心理習慣作衡量外來事物的標準，而很少反問這一標準底本身是否適用。科學底基本之不易被中國一般人接受，就是因這類心理在作祟。

我們要科學底基本能在中國生根並且發榮滋長，首先必須將這四種意識形態摒除於科學底範圍以外。可是，我們說要將這四種意識形態摒除於科學底範圍以外時，對於是否應在別的範圍裡保存或摒除這四者毫無論斷。

三、我們現在需要對科學作進一步的了解。爲要進一步了解科學，我們先舉一個例。有人說，中醫不合科學。又有人說，中醫合於科學。我們現在要問：中醫究竟是否合於科學呢？嚴格地說，這個問題不能解答。因爲，這個問題不清楚。我們在作答之前，必須弄明白什麼是「合於科學」或「不合科學」，什麼是「中醫」，對於「科學」一詞底值（這是借自現代數理邏輯的一個名詞，並非價值之值），作者想得出的有而且只有三種：

㈠ 科學的（scientific）

㈡ 非科學的（non-scientific）

㈢ 反科學的（anti-scientific）

任何一個語句或一組語句既有正武的認知意義（cognitive meaning）又可交付直接或間接的驗證，我們便說它是「合於科學的」，或簡稱「科學的」。即㈠。

任何語言組合元目（entity），既不在任何系統或建構之中，且不對經驗作何陳述，或無關於經驗的陳述，我們便說它是「非科學的」。即㈡。所謂「非科學的」者也，即「科學以外的」之謂也。文藝、戲劇、詩詞，都是非科學的。宗教，如果只限於想像境界和情感層面，而不及於說明人類底起源，宇宙底生成，等等，便也是非科學的，而不是反科學的。天上的浮雲，海面的波濤，小孩的笑臉，既不在任何建構之中，又不陳敘什麼，說不上是否科學的或反科學的，所以也是非科學的。

任何一個語句或一組語句，如果要對宇宙人生之實有有所說，那末便構成眞假對錯的問題。負有這種功能的語句，我們要求它具有認知意義。具有認知意義的語句，必須可能被證驗。如果它不能被證驗，那末能夠被否證的話，我們也認爲它是有認知意義的。假若有一個或一組這麼樣的語句，它既不能被證驗，又不能被否證，那末我們說它是「無認知意義的」。例如，「完全是絕對的」。在這種關聯裡的無認知意義的語句便是「反科學的」。即㈢。算命，玄學語言，不從社會人類學（social anthropology）而只拿「人文」或「理性」這些空虛字眼來談文化，都是反科學的。

依照上列三條，中醫究竟處於什麼位況呢？中醫是㈠、㈡、㈢底複合。中醫行了很久，固然治死了許多人，但同時也治好了許多病，就治好了許多病這一方面而言，是積若干年的經驗所致。「積經驗」並依之而「治好了病」，這就是中醫之「可證驗」的一面，所以是合於科學的。即與現代科學的醫學相合的。按脈這個動作雖嫌簡單，可是它係經驗的，實證的。至少，按按病人底脈，由之而得到的有關病況的知識，比坐在沙發裡空想要多得多。至於中醫所用的藥之本身，例如樹皮兒呀，草根兒呀。虫殼子呀，這些東西無所謂是否合於科學或反科學的，所以是非科學的。中醫除了經驗和藥物以外，還有所謂「哲學的基礎」，即陰陽五行生剋之說。這一部分說法：既要對宇宙之實有有所說，可是不僅無法證驗而且無法否證，所以是反科學的。中醫裡最糟的就是這一部分。

四、

我們現在要更進一步來問：什麼是「科學的」呢？

㈠**科學認知的構造**（cognitive construction）。大家都知道科學與常識頗不相同。常識是零星的，科學是成系統的。系統，乃構造底一種模態（a model of construction）。如所周知，隨便一堆材料或事實不能成爲科學，這一堆材料或事實必須被納入或被安排於一個系統之中才可成爲科學。當然，這話並不涵蘊所有的科學在實際上都已經系統化了。不過，現代科學家們都試著將他們所研究的題材向系統化的道路上走。例如，烏得格（Woodger）之於生物學就是其中之一。

㈡可印證。科學除了「動手動腳」以外，還得用腦筋想想，玄學也是用腦筋想想的東西。二者底分別何在呢？我們研究科學「用腦筋想想」時進行的程序大部分——不是所有的——是些公共約定的工具，例如專門名詞、方程式、邏輯推演的規律、數學的演算等等。玄學的思想之進行，主要地是靠些未經訓練的能力，例如個人的直覺、洞見、透識等等。尤其重要的是，科學家依此而想出的結果可以交付檢證，玄學的思想結果則不能。因此，我們常常說「科學是實證的」。當然，這是按著經驗科學而言的。

㈢互爲主觀的（inter-subjective）。我們常常聽到人說，科學的眞理是客觀的。這是一種常識的說法。但是，如果稍微認眞推敲一下，那末我們將會發現所謂的「客觀」，竟是一片茫然而混亂的霧。至少，在我們底認知中，並沒有一個「擺在那裡」的客觀。即令是物理學，古代以爲是「客觀的」，現代則發現它有些錯誤——不是「客觀」的。如果我們將「客觀」實體化（reify），那末我們之追求「客觀」，正猶之乎玄學家之追求「物目身」（thing-in-itself）。這樣的追求不僅沒有完，而且絲毫無助於增加我們底積極知識。玄學家追求「物自身」歷有年所，可是玄學家除了得到一堆只滿足情緒或表現想像而毫無認知內容的空虛語言以外，對於我們這個世界甚少了解。科學家從來不朝這個方向來了解世界，結果科學的成果倒非常豐富。現代的後設科學家知道「求客觀」之不會對於科學之鞏固有何幫助，所以乾脆放棄這條走不通的路。但是，這並不涵蘊科學可以是主觀的。我們要求科學是互爲主觀的。這也就是說，科學的認知只要是互爲主觀的就算妥當。這是從知識之公共性或社會關係來考慮的。一個實驗，某甲來做，得出某結果。這也許是主觀的。但是，某乙來做，也得出同樣的結果；某丙來做，也得出同樣的結果……這麼一來，此一實驗所導向的結論就是互為主觀的。互為主觀的結論就是妥當的。一切經驗科學知識都有或都須滿足互為主觀的這一條件。拒絕滿足這一條件的任何語句，都不是科學的。

科學之所以為科學，至少必須滿足上述三種條件。不過，上述三種條件卻須從一條設準（postulate）出發。這一條設準，我們可以借用亞里士多德底話表示出來：

它不是什麼而我們說它是什麼，或者它是什麼而我們說它不是什麼，我們之所言便是假的。

可是，它是什麼我們就說它是什麼，或者、它不是什麼我們就說它不是什麼，我們之所言便是眞的。這一條設準底型定方式（formulation）已經夠清楚了。可是，如果我們嫌它太冗長，不便記憶，那末我們可以借用現代數理邏輯家兼理論語意學家塔斯基（A. Tarski）底話重新表達出來：

一個語句之為真係由它與實在一致（或符合）所構成。

這是一切經驗科學底基本出發點，也是科學思想底基本出發點，也是科學的態度之所自來。我們眞正要學習科學，必須由此基本開始。

——原載《文星》，期十六（臺北：一九五九年二月一日）

9 科學與唯物論

一、

自從「科玄論戰」以來，許多人誤把科學與唯物論當作一回事，他們以為唯物論就是科學，科學就是唯物。這是一項基本而又嚴重的錯誤。這一項基本而又嚴重的錯誤，部分地阻礙著科學思想在中國人腦中生根，可是卻部分地助長了唯物論或唯物主義的意底牢結在中國人底情緒裡滋發。本文底主要目標，就是在指出並且辨明這項錯誤之所在。

在中國現代思想史中，第一個犯這種錯誤的可說是陳仲甫氏（即陳獨秀）。至少，在《科學與人生觀》這部書裡，我們可以很明顯地看出他這一錯誤。在一方面，他口口聲聲強調「科學」：可是，在另一方面，他卻露出了馬腳：他所謂的「科學」原來與「唯物史觀」是一回事。足見他不明科學是怎麼回事。陳氏說：「數學、物理學，化學等科學，和人生觀有什麼關係，這個問題本用不著討論。可是，後來科學的觀察、分類、說明等方法應用到活動的生物，更應用到最活動的人類社會，於是便有人把科學略分為自然科學與社會科學兩類。社會科學中最主要的是經濟學、社會學、歷史學、心理學、哲學。（這裡所指是實驗主義的及唯物史觀的人生哲學，不是指本體論、宇宙論的玄學，即所謂形而上的哲學。）……自然界及社會都有他的實際現象：科學家說明得對，他原來是那樣；科學家說明得不對，他仍舊是那樣；玄學家無論如何胡想亂說，他仍舊是那樣；他的實際現象是死板板的，不是隨著你們唯物論、唯心論改變的，哥白尼以前，地球原來在那裡繞日而行，孟軻以後，漸漸變成了無君的世界：科學的說明能和這死板板的實際一一符合，才是最後的成功，我們所以相信科學（無論自然科學或社會科學），也就是因為『科學家之最大目的，曰擯除人意之作用，而一切現象化之為客觀的，因而可以推算，可以窮其因果之相生。』（張君勱語）必如此而後可以根據實際尋求實際，而後可以說明自然界及人類社會死板板的實際，和玄學家的胡想亂說不同。」

於駁丁在君的話中，陳氏說：「丁在君不但未曾說明『科學何以能支配人生觀』，並且他的思想之根底，仍和張君勱走的是一條道路。……其實我們對於未發現的物質固然可以存疑，而對於超物質而獨立存在並且可以支配物質的什麼心（心即是物之一種表現），什麼神靈與上帝，我們已無疑可存了。……」接著他更顯明地表示：「我們相信只有客觀的物質原因可以變動社會，可以解釋歷史，可以支配人生觀，這便是『唯物的歷史觀』。我們現在要請問丁在君先生和胡適之先生：相信『唯物的歷史』為完全真理呢？還是相信唯物以外像張君勱等類人所主張的唯心觀也能夠超科學而存在？」這裡，顯然可見陳氏將「科學」與「唯物的歷史觀」當作一回事。

在〈答適之〉這篇文章中，陳氏更露骨地說：「社會是人組織的，歷史是社會現象之記錄。『唯物的歷史觀』是我們的根本思想。名為歷史觀，其實不限於歷史，並應用於人生觀及社會觀。……我依據唯物史觀的理論來討論人生觀，適之便欲強為分別；倘適之依據實驗主義的理論來討論人生觀，別人若說：『我們討論的是人生觀，適之說的是一種實驗主義的哲學。』適之服是不服？……適之好像於唯物史觀的理論還不大清楚，因此發生了許多誤會。茲不得不略加說明：㈠唯物史觀所謂客觀的物質原因，在人類社會，自然以經濟（即生產方法）為骨幹；㈡……唯物史觀的哲學者也並不是不重視思想、文化、宗教、道德、教育等心的現象之存在，惟只承認他們都是經濟的基礎上面之建築物，而非基礎之本身；這是因為唯物史觀的哲學者，是主張如下表：

經濟 ｛ 制度、宗教、思想、政治、道德、文化、教育之一元論，而非如下表：

經濟 宗教 思想 政治 道德 文化 教育

之多元論。這本是適之和我們爭論之焦點。……我們並不抹殺知識、思想、言論、教育，但我們只把他當作經濟的兒子，不像適之把他當作經濟的弟兄。我們並不否認心的現象，但我們只承認他是物之一種表現，不承認這表現復與物有同樣的作用。適之贊成所謂禿頭的歷史觀，除經濟組織外，『似乎應該包括一切「心的」原因——即是知識、思想，言論、教育等事。』『心的』原因，這句話如何在適之口中說出來！離開了物質一元論，科學便瀕於破產。適之頗尊崇科學，如何對心與物平等看待！……」

陳氏一忽兒「科學」，一忽兒「唯物的歷史觀」。他顯然把二者等而爲一。而在情緒上，他又把「唯物的歷史觀」賦予較科學尤爲基本而又重要的地位。他所說的「科學」是枝節。他所說的「唯物的歷史觀」是重心。陳氏又認爲有一「原來是那樣」的「自然界」，並且它與科學家怎樣去說明它各不相干。這顯然是「天眞的實在論」（naive realism）的看法。陳氏自覺地是一個唯物主義者。但他未自覺地是一個天眞的實在論者。

陳氏抱持這種思想，已是四十多年前的事了。當時這類西方的思想剛剛被中國學人接觸。陳氏誤把科學與唯物論混爲一談，這是難免的事。我們可以諒解。想不到四十多年以後的今天有人高談科學時，談來談去，他在思想的底子上，還是把科學與唯物論混爲一談。這眞是一件令人遺憾的事！

有一位署名「平平」的人士，在所著〈心理學及社會科學〉這篇文章裡，就充分流露出這種錯誤的見解。我們且看他是怎麼說的：「……人類的行爲無論如何複雜；社會的現象無論如何千變萬化，但無一不是循一定的軌道而為因果律所決定的。只要我們努力向前，勿越出自然科學的軌道，積時既久，不但是個人的行為，就是整個複雜的社會也可尋得出定理定律來。……」又說：「前面已經說過了，生理學、心理學和社會學是三位一體的。無論心理學現在的派別如何，無論主張如何，但是對於心理學是研究行為的科學的定義是一般心理學家所公認的。所謂行為就是有機體——動物或人體——對於其環境的刺激——包括身體內部變化所產生的刺激——所發生的反應。此種反應由其本身的性質而言，是生理變化之一種，從其所產生的結果而言，是一個社會的現象，前者屬於生理學之範圍，後者為社會科學的基本對象。故從廣義講，心理學實在是生理學之一部分，社會科學也是心理學之一部分。……」在這篇文章中，作者平平氏極力強調心理學必須與哲學分開，要求心理學家「放棄舊時哲學的老把戲」。這是一條很正確的科學研究的指導原則。可惜，他在這樣要求心理學家時，自己卻未自覺地做了「舊時哲學」底俘虜。這裡所徵引的兩段話，充分表現平平氏底思想底子不是嚴格科學的，而是機械唯物論（mechanistic materialism）。一位嚴格的科學家是不會說出這些武斷的「舊時哲學」論調的。誠然，我們「贊同」科學的人「希望」能對個人行為及社會行為得出定律，但是我們有什麼把握一定可以這樣？我們根據什麼來說「人類的行為」和「社會的現象」「無一不是循一定的軌道而為因果律所決定的？」

我們在上面所列舉的第一個例樣，是把唯物史觀或辯證唯物論與科學混為一談。我們在上面所列舉的第二個例樣，是把機械唯物論與科學混為一談。自來攻擊敵人時，總是找最弱的地方下手的。自來反對科學的人、唯心主義者、本位文化主義者，反對科學的時候，總是從這些「混為一談」下手。既然唯物論是「要不得的」東西，而科學與唯物論狼狽為奸，所以科學也是「要不得的」東西，其實，這是打空拳。科學既不幫唯物論的忙，又不幫唯心論的忙。為了大家能夠明瞭這些道理，我們現在所作的解析是頗為必要的。

二、

我們先討論唯物論或唯物主義。

在討論唯物論或主義底內容以前，我們先考察一下「唯物論」這個名詞底主要用法。第一、非學術的用法。鄧皮爾（W. C. Dampier）說：「唯物論這個名詞常常用成一種鬆泛的意義。許多人一提到唯物論，就把它當作無神論底同義名詞；或者，用這個名詞來表示對任何與流行的正統不符合的哲學之貶抑。」西方的宗教哲學家對於「唯物論」常常這樣用法。東方有許多人對於「唯物論」（或「唯物主義」）也常常這樣用法。他們在這樣用「唯物論」或「唯物主義」時，有一種心理背景。即是，他們有意無意地自居於正統者、衛道者、高尚者。從這種心理背景出發，他們「斥」唯物論（更應該說是唯物「主義」）是異端邪說，是匪視道德精神價值的說法，是低賤下流的東西。這種心理狀態，與從前西方宗教正統者之對待「異端」是一樣的，與中國的衛道者之對待孔制以外的說法也是一樣的。中國的衛道者視孔制以外的說法爲「邪門外道」，一概當在擯斥之列。同樣，今日把唯心主義當作「歷史精神文化」之正統者，認爲唯物論或主義是「邪說」。他們排斥唯物論或主義底根本動機在維護正統，而不甚措意於「唯物論」之認知上的眞假。第二、學術的用法。鄧皮爾說：「但是，在我們用來，唯物論有著比較嚴格的意義——唯物論者相信死的物質，硬塊的東西，不可穿越的牛頓質點或與之相等的現代複雜體，乃宇宙唯一的最後實在；思想與意識不過是物質的副產品而已；在物質背後或物質以外別無什麼實存的東西。」純哲學家所談的唯物論就是這種意義的唯物論。

如果我們將唯物論或主義加以分殊（differentiation），那末唯物論有二大類。第一類可以叫做元學的唯物論（ontological materialism）；第二類可以叫做辯證唯物論（dialectical materialism）。目前唯心主義者罵的，與其說重點在第一類，不如說是第二類。不過，從思想構造上看，辯證唯物論或主義是唯心論或主義底嫡血子。所以，唯心論或主義者罵辯證唯物論或主義者是老子罵兒子。老子罵兒子，罵來罵去，總是一家人。爲了論列的便利，我們先談元學的唯物論。

希臘古代的唯物論者常爲原子論者。德謨克利圖斯（Democritus）係一徹頭徹尾的唯物論者。在他看來，宇宙沒有目標。宇宙間只有受機械支配的原子而已，靈魂係由原子構成，思想乃一物理的過程。德謨克利圖斯底這種思想爲流西普斯（Leucippus）所傳播。流西普斯認爲宇宙間有無數原子。原子底形式無窮。原子底體積甚小。因爲宇宙一切東西在吾人底經驗中皆是可分的。一切原子共同具有的性質，乃其充塞於空間；而原子底大小、位置及形式則皆不同。流西普斯有一項重要的觀念，即是，他設定一切「性質」之差異，都可化約而爲「定量」之差異。這一觀念，對於其後科學底發展具有深遠的影響。在事實上，近代的科學，特別是近代的物理科學，其構作底主要路線，係盡可能地將性質底差異用定量的差異而型定出來。通過了這一種運作，科學上的精確要求才能滿足。滿足了這一要求，科學家才能便利地掌握其題材。照流西普斯看來，我們所覺知的事物，乃原子底聯合。當原子聯合在一起時，事物就產生。當原子分離時，事物就消失。我們在複雜事物中所見種種性質之不同，只是表面的不同而已。

伊壁鳩諾斯（Epicurus）也是一個唯物論者，但並非一決定論者（determinist）。他像德謨克利圖斯一樣，相信宇宙乃原子構成。可是，他不相信原子在一切時候完全受自然律底支配，伊壁鳩諾斯所了解的原子是有重量的並且繼續下降。靈魂也是由物質構成的東西。並且係由像氣與熱這樣的質點構成。靈魂原子（soul-atoms）滿布吾人全身。人死以後來，靈魂飄散，靈魂原子則繼續存在。靈魂原子雖繼續存在，但不可復見，因爲已與我們底身體脫離了。

十七世紀的霍布士（Hobbes）在起初也表示極端的唯物思想。他說生命不過是肢體底運動而已。依照這種說法推論，自動機（automata）也有一個人爲的生命（artificial life）。

這種唯物論有三個特徵。我們現在擺列在後面：

第一、在消極方面，唯物論者都反對「超自然主義」（super-naturalism）。唯物論者一致認爲，世界所發生的事情，並非獨立的心靈發生作用之結果，而係諸自然力合成之結果。

第二、唯物論者對於事物發生的方式或狀態有所肯定。唯物論者認爲，世界底狀況，在任何時期，乃諸力之分配及聯合產生。每一新的現象之出現，乃既存諸力之新的配列。每一事件必有另一事件或另一組事件在其前面。這另一事件或另一組事件是在其後發生的事件之原因。所以，如果我們能知前者，那末便可預測後者。在這一意義之下，唯物論者又常是決定論者。

第三、唯物論者所說「物質」，究屬何種事物，關於這一點唯物論者自近代以來並沒有獨立時見解。這是一件頗爲有趣的事情。在一方面，唯物論者認爲宇宙間存在的一切事物，最後分析起來，無非是物質。但是，在另一方面，物質究竟是什麼，他們卻又沒有獨立的看法。他們對於物質的看法，自近代以來，係借自物理科學。而物理科學在不同的時代有不同的物質觀，於是唯物論者也跟著有不同的物質觀。物理科學家說物質係由原子構成的，唯物論者也跟著說物質係原子構成的。物理科學家說物質係波狀的，唯物論者也跟著說物質係波狀的。總而言之，無論物理科學家怎麼說，唯物論也跟著怎麼說。

因爲唯物論對物理科學有這樣的倚賴性，所以容易造成一般人一種錯覺，以爲唯物論即是物理科學，物理科學即是唯物論。而物理科學即是科學，所以唯物論即是科學。加之，中國一般人拜字，常以爲從字裡面可以發現什麼大道理。可巧「唯物論」中的「物」字與「物理科學」中的「物」字相同，二者共一「物」字，於是加深一般人以爲唯物論即是科學的誤解。其實，唯物論的英文原文是materialism，物理科學底英文原文是physical science。這樣一翻回，我們可知二者根本是風、馬、牛不相及的。在事實上，唯物論藉科學來建構自己，來壯大門面。可是，我們據此推論不出「科學就是唯物論」這一結論。我們知道，藉科學以自壯的東西多得很，現在有所謂「基督的科學家」（christian science）。我們能夠據之以說「科學即是基督教嗎」？街頭巷尾常有掛起「哲學相命」招牌的，我們能因此說「哲學即是相命」嗎？

關於唯物論不是科學的道理，我們在以後要詳細討論。到了十九世紀，辯證唯物論或辯證唯物主義盛行。我們在討論了元學唯物論以後現在要接著討論它。

三、

辯證唯物論或主義底性質並不單純。有學術性的辯證唯物論或主義；有政治性的辯證唯物論或主義。政治性的辯證唯物論或主義的說法（version）常常跟著實際的政治路線走。我們底論列將側重學術性的辯證唯物論或主義，而較少於政治性的辯證唯物論或主義。政治性的辯論唯物論或主義，只是學術性的辯證唯物論或主義之染色與應用。我們如果了解學術性的辯證唯物論或主義，那末便能了解政治性的辯證唯物論或主義。

我們要了解辯證唯物論或主義，必先了解辯證法是什麼。辯證法並不是新的東西。在西方思想中，早在赫拉克利圖斯（Heraclitus C. 536-470 B. C.）的學說中即已有辯證法的思想。在希臘思想中，伊利亞學派（Eleatic School）是反對赫拉克利圖斯學說的。齊諾（Zeno C. 490-430 B. C.）就是這一派底著名人物。齊諾也發展了辯證法。在這些形式的辯證法中，有一共同之點：無論在人的思想以及在實際的世界裡都有一個中心角色。這個中心角色就是「對立」與「矛盾」，赫拉克利圖斯說：「戰爭乃一切之父，一切之王。」赫拉克利圖斯這話係表示宇宙底中心乃一形上學的對立，由此對立鬥爭就發生。齊諾底辯證法沒有赫拉克利圖斯底辯證法這麼積極。齊諾底辯證法是辯證法中之消極的一種。照齊諾看來，一切思想只要試圖遠離伊利亞學派之靜觀的概念圖案，便一定陷入矛盾之中。齊諾認為這樣的矛盾並無產生眞理的功能。辯證法無論是積極的還是消極的，或者，無論我們將辯證法看作是一種思想方法還是世界以及歷史發展的法則，辯證法有一不可少的樞軸。這一樞軸就是面向對立。復次，如果我們接受辯證法，那末便涵蘊著承認動理原則（dynamism）以及演化原則（evolutionism）。從知識學的觀點來看，無論什麼辯證法，都得假定系絡論（contextualism）。從結構方面觀察，辯證法不是一個併合（compound），而是一個複合（complex）。

在辯證法中，於近代以至於現代影響力最大的，當推黑格爾辯證法。黑格爾底辯證法是辯證法中最廣含的一種。黑格爾認爲，凡赫拉克利圖斯底辯證思想，無不包含在他所謂的「邏輯」之中。黑格爾底辯證法係依絕對唯心主義或絕對唯心論底玄學架構而建立起來的。「絕對觀念」（absolute idea）是他底無所不包的玄學架構之體系底起點。

這一絕對觀念藉著辯證法的模態而展開。展開底程序有三支（triads）。每一個三支具有「正」（thesis）、「反」（antithesis）與「合」（synthesis）三態。在「正」中，實在世界或思想底某一方面表露出來。在「反」中，一與之相反的方面呈現。可是，在「合」中，正與反二者都被「揚棄」（aufgehoben），而出現一較高層次的綜合。

我們現在要問：由正而反，由反而合的這一辯證的發展程序，到了這一個合，是否就停止呢？黑格爾說不是這樣的。這一發展程序出現了「合」以後，又衍生出一個新的三支。一直這樣衍生下去。在三支中又有三支。不過，每個三支底一支是一絕對。在最普通的三支中，「正」是「邏輯」，「反」是自然，「合」是心靈或精神。

黑格爾所說的「絕對觀念」是很有趣的東西。照黑格爾說來，絕對觀念底本身是一純粹理性。這一純粹理性是與此現實世界超離的。它也就是「邏輯」底範疇。絕對觀念依此諸範疇而演發它自己，並且進入自然世界。它底表現就是自然科學。發展到了這一步，絕對觀念又走回頭路，藉著心靈而把「邏輯」與自然「合」起來；在人事中，則把人自己底活動予以自覺了解。這樣看來，黑格爾底絕對觀念是由一到多，由靜到動，由抽離到具體，變化靡窮的東西。它底能耐，遠勝於孫悟空底七十二變。有這樣的哲學法寶在手，眞是體用大備，理事皆明。難怪黑格爾哲學能夠風行一時！

可是，我們得弄清楚，黑格爾所謂的「邏輯」與現代邏輯家所說的「邏輯」名稱雖然相同，內容則大異其趣。現代邏輯家所說「邏輯」是與純數學一類的科學。黑格爾所謂的「邏輯」包含「存在」（sein）、「要素」（wesen）與「意念」（begriff）三者。「存在」之中又包含「質」、「量」、「度」三者。「要素」中有「存在理由」、「表象」和「現實」三者。「意念」有三種「主觀意念」、「客觀意念」及「觀念」。黑格爾對於「三」似乎特別感興趣！黑格爾底邏輯是一種內容這樣複雜而又不離「三」的邏輯。所以，他底「邏輯」肆應無窮，無往而不適。所以搞實際工作的人特別看中了它。

從黑格爾辯證法出發，我們要進而談到它底形變、延伸和應用。黑格爾辯證法底形變、延伸和應用，就是辯證唯物論或主義。

時間到了十九世紀，知識分子中出現了一批人，他們自命爲「黑格爾左翼」。這批人中著名的人物有鮑爾（Bauer）、魯格（Ruge）及費爾巴哈（Feuerbach）等。他們底思想位於黑格爾思想和後來發展完備的辯證唯物論或主義之間。所以，他們底思想可以說是從黑格爾思想到辯證唯物論或主義之間的一種過渡思想。照他們看來，黑格爾底想法是把腳朝天頭朝地。他們要來一次大「革命」，開始把黑格爾思想底體系從頭到腳翻轉過來。可是，在做這一「革命」工作時，他們沒有改動黑格爾思想體系底架構，辯證發展底模態，以及絕對一元論。照這些人看來，人可成宇宙底絕對中心。一切與人有關的標準都應化約而爲人底需要並且爲人底存在而設。我們知道，戰後在歐洲，特別是法國，流行一種社會思想。這種社會思想就是「存在主義」。這種社會思想近年來也波及美國。存在主義者抱持一項重要的論旨，即認爲「存在」先於「要素」。從這一方面觀察，黑格爾左翼也可以看作是一種存在主義者，照二十世紀的存在主義者看來，人的宗教存在乃存在之核心。黑格爾左翼則認為人之社會的存在或歷史的存在乃一切之權衡。

辯證唯物論或主義者相信，他們在經濟範疇中發現人群生活底鎖鑰。於是，他們把唯物論或主義造成經濟決定論或主義的形式。依照這一形式，他們對歷史所作的解釋以及對人類全部生活的解釋是由下到上的。他們將社會建構截然劃分為「上層結構」與「下層結構」二個層級。他們所謂的下層建構係技術的生產力量以及社會的生產關係。他們所謂的上層建構係道德、宗教、哲學、政治設施、價值系統和生活方式。辯證唯物論或主義者認為不是上層建構決定著下層建構，而是下層建構決定著上層建構。照他們底這一思路解釋出來，所謂「存在」，無非是社會的存在或經濟的存在。社會的或經濟的存在屬於下層建構。意識是屬於上層建構的東西。既然下層建構決定著上層建構，於是「存在決定意識」。

從這一條思路想下去，他們對於道德、宗教、哲學、政治設施、價值系統等等的看法與黑格爾也就剛好相反。普遍地說，辯證唯物論或主義者對於屬乎上層建構的一切東西的看法與辯證唯心論或主義大相逕庭。辯證唯心論或主義者說「凡存在的即是合理的」。他們對於既有的文物制度有一種維護的趨向。他們維護既有的文物制度的辦法，就是為既有的文物制度「說個道理出來」；為「時君世主說個道理出來」。從某個角度看，他們的所謂哲學，就是一種維護現狀的文化工具。可是，辯證唯物論或主義者則大不相同。他們認為國邦不是「絕對完全的理性」，不是「倫理精神之實現」，也不是正義的化身。國邦只是經濟生活底工具。詳細一點說，國邦只是經濟上佔優勢者底工具。在經濟上佔優勢者利用國邦底力量和宣傳機構來維持他們底利益。舉凡道德、宗教、哲學，都可作如是觀。總而言之，辯證唯物論或主義之徒對於既有的文物制度持一種敵視的態度。懷著這種敵視態度，再加上情緒的煽動，就構成他們要「推翻現狀」的心理基礎。二者都是從黑格爾哲學出發，而所得結論竟如此南轅北轍，這是頗值解析的哲學技術人員注意的有趣課題。

鼓吹辯證唯物論或主義的人對於毀棄一切既有文明爲什麼有這樣大的勇氣呢？原來他們懷抱著一個天眞的樂觀信念。他們認爲人類既有的社會充滿自私、自利、恐懼、削剝、壓迫。一旦生產方式和生產關係改變了，則「社會主義的天國」降臨人間。「社會主義的天國」降臨人間之日，便是這些壞現象一掃光之時。而摧毀既有文明有助於加速生產方式和生產關係之改變，所以他們對於既有文明不惜採取一切手段使之崩解。可惜，事實並未印證他們這一想法。俄國布爾希維克「革命」以後，生產方式和生產關係的確是改變了；可是，在布爾希維克底政權之下，自私、削剝，尤其是恐懼，不僅絲毫沒有減少，反而大大增加。蘇俄人民，只要有機會，都想逃出這個「社會主義的天堂」！

依據以上的概觀，我們可以得到一些有趣的了解。一般總以爲元學的唯物論或辯證唯物論或主義，縱有不同之處，二者畢竟是「一家的人」；而辯證唯物論或主義與唯心論或主義二者是死敵。這都是皮相之見。辯證唯物論或主義與元學的唯物論之間的關係是「貌合神離」。辯證唯物論或主義與唯心論或主義之間的關係是「貌離神合」。元學的唯物論與辯證唯物論或主義之間的血緣密切程度不及辯證唯物論或主義與唯心論或主義之間的血緣密切程度之大。

當然，元學的唯物論與辯證唯物論或主義有共同的地方。二者都標榜拿自然對心靈，拿事實對玄想，拿「科學」對夢幻，拿歷史對神學，拿人事對神祕，拿社會現實對烏托邦。但是，二者不同的地方則更爲基本。元學的唯物論在理論上先天虛弱。如前所述，它愈來愈不能成爲一個自足的「體系」，它愈來愈成爲科學底附庸。時至今日，科學知識與科學技術高度發達，元學的唯物論之浮現於科學之上，宛如萍草之飄浮於水上。所以，元學的唯物論底影響也就大爲式微，式微到引不起人底注意了。辯證唯物論或主義者不是科學底附庸。它是把科學作爲塡充自己或達到宣傳目標的工具。辯證唯物論或主義者之對待元學的唯物論的態度是一種「編整」的態度。他們在一方面不放棄「唯物論」這塊招牌，可是在另一方面猛烈「批判」「機械唯物論」，反對決定論。元學的唯物論者底中心興趣在知識。辯證唯物論或主義者底中心興趣在行動。《費爾巴哈論旨》（*Thesis on Feuerbach*）底作者把這個意思說得十分明白。他說：「關於客觀眞理是否屬於人的思維，這個問題不是一個理論問題，而是一個實際問題。思維底眞理，即實在與力量，必須在實際中去證明。如果離開實際來爭辯思維存在或不存在，這完全是一個學究的問題。……哲學家們只不過以各種不同的方式解釋了世界，而眞正的任務是改變世界。」辯證唯物論或主義者固然也像元學的唯物論者一樣抱住「物」字不放，但是我們試一考察前者對於「物」字的用法，我們便會發現它與後者底距離頗遠。後者所說的「物」字係指泛宇宙的本體。前者固然也跟著這樣說，但是他們底注意重心不在此。他們底注意重心在「物」中之「經濟」，元學的唯物論者著重自然。他們企圖藉物理科學底定律來說明生命「現象」和心理「現象」。辯證的唯物論或主義者重社會及歷史。他們企圖藉經濟來說明社會及歷史。二者底理論構造也不大相同。關於這一點，我們暫不在此討論。

何以辯證唯物論或主義與唯心論或主義之間的關係是「貌離神合」而且血緣關係較爲密切呢？第一，辯證唯物論或主義是唯心論或主義之不同的形變、解釋與應用。這一點我們已經在前面提到。第二、二者都是體系式的玄學。因而二者底理論構造相同。第三、二者底程式都是正、反、合。正、反、合這類字眼和所代表的觀念，是把事實陳述與價值判斷絞在一起。因此二者都是把事實陳述與價值判斷絞在一起的。既然二者底關係這樣密切，可見二者之間的衝突，從科學的第三者底觀點看去，只能算是「鬧家務事」。

同在一個玄學家庭裡的人，怎麼這樣彼此不和呢？我們不難知道，愈是同在一個家庭裡的人，愈是常因爭領導地位以及家產而鬧得不和。辯證唯物論或主義經過將唯心論或主義加以一番形變、解釋和應用以後，所產生的心理效應及社會結果與唯心論或主義多少不同，所以二者就發生衝突。宣傳辯證唯物論或主義的人之目標，主要地是爲了藉此來製造或煽起群眾運動。要製造或煽起群眾運動的人，必須目標簡單明瞭。能使目標簡單明瞭劃分的方法，就是二分法。何況他們所要奪取的目標，是與他們面對的整個自由世界！所以，宣傳辯證唯物論或主義的人，極其看中了二分法。利用二分法，他們把社會分做「資產階層」和「無產階層」。同樣，對於哲學中學派之劃分，也像切西瓜一樣，一刀下去分成兩大半：這一邊統統是「唯心論」：那一邊統統是「唯物論」。於是，他們所造的思想上的陣營，也像政治與經濟上的陣營一樣，壁壘森嚴，敵我分明。這樣就便於進行「思想鬥爭」了。「思想鬥爭」一進行，就可配合著政治「鬥爭」。顯然得很，這是宣傳辯證唯物論或主義的人，為著製造全面「鬥爭」，從思想方面所製造的分野形勢。許多人以唯心主義者自居的人，看不出這一實際的戰略，如響斯應地也以為哲學思想不是唯心主義就是唯物主義。別的且不談，這在戰略上已處於被動的地位。在事實上，哲學思想哪裡是那末簡單呢？

四、

我們在前面將唯物論或主義討論了一番。唯物論或主義與科學有什麼不同呢？我們要解答這個問題，還得對科學巡禮一番。

任何一門知識，如果我們要將它叫做科學，那末它必係已經具備下列徵性：

(一) 求真設準

這裡所說的求眞設準，可遠溯自亞里士多德。我們最好借用亞里士多德底話表示出來：

凡不是什麼而我們說它是什麼，或是它是什麼而我們說它不是什麼，這便是假的；可是，它是什麼我們便說它是什麼，它不是什麼我們便說它不是什麼，這便是真的。

這條設準乃基於一語意的要求（semantical claim）。這種要求就是說，我們對於事事所做的陳敘必須與事實相符。事實是白的，我們就說它是白的。事實是黑的，我們就說它是黑的。白的我們不說它是黑的。黑的我們不說它是白的。用禪宗底話說，就是，是山就還他一個山，是水就還他一個水。這一設準是一切經驗科學必須設定的一個起點。如果沒有這個起點，那末我們簡直不能思議經驗科學由何而建立。在事實上，科學家所作一切觀察與實驗的報告，無論是有意或無意，都是從這一設準出發的。如其不然，那末在基本出發點上即眞假不分。如果在基本出發點上就眞假不分，那末科學的工作殆將完全失去意義。

也許有人認爲這一設準是淡而無味的。其爲淡而無味，一如喝白開水然。可能得很，相對於頭腦粗樸的人而言，這一設準的確是淡而無味的。但是，一個東西淡而無味，並不涵蘊它就不重要。相對於麻辣子雞而言，飯與麵包的確淡而無味。然而，人對於麻辣子雞的需要之迫切與廣泛，也的確遠不若飯與麵包。多采多姿的東西固能使人心動神搖；可是使人心動神搖的東西未必合人需要，也未必眞。

也許有人說，是什麼就說什麼，照事實說話，這何難之有。何必這樣小題大作？況且報告事實，這是最低的一個層次，怎值得這樣強調？

說這話的朋友，既對知識的理論毫無常識，又茫茫然沒有歷史眼光。他認爲報告事實是最低層次的事，這是他吃了泛價值主義的豬油糊住了心所致。中國號稱幾千年的歷史文化，其實根本還沒到「報告事實」這一層次。中國人寫歷史或作傳記，動不動大施褒貶，總是分不清報告事實與價值論斷，也不分清報告事實與情感投射。中國人底心理狀態如此，所以一直產生不了科學。許多人士好高談「歷史文化價值」，輕視經驗事實。好！我們請他們來臺灣長住五年。他們要能寫得出一篇「什麼就是什麼」式的純記述性的準確報告，那才是奇蹟！

在實際上，我們要能滿足求眞設準，限制重重。我們可以從三方面來觀察這些限制。第一是知識機能的缺陷。關於這一方面，所涉及的包括知覺（perception）在內的知識理論之問題。這類問題頗爲複雜，我們只好在別的機會去討論。我們現在所能表示的是：我們對於經驗事實所作的直接的報告，並非完全沒有失誤的（infallible）。如果再加上推論、推理或成見的干擾，那末失誤的程度或機會更多。第二是環境的限制。這裡所說的環境的限制，包括各種政治、社會、風俗、習慣、傳統等建構所予人的限制。因此，這裡所說環境的限制，有政治、宗教、風俗、習慣、傳統諸種。

因爲有這些種類的環境限制，所以，既令是人底知識機能毫無缺陷，我們還是不易甚至不能滿足求眞設準。哥白尼（Copernicus）觀察並且算出地球繞日而不是日繞地球，布魯諾（Bruno）照實說了，因與教權違忤，致罹焚身之禍。古往今來，在世界許多野蠻角落，這類的事件，眞是更僕難數。在鐵幕以內，你就不能照實說「美國底生活水準高於蘇俄」，你更不能說「在英美民主社會，人底神經比在共產社會輕鬆」。時至今日，在世界若干地區，把白的說成黑的，黑的說成白的，倒是常態，而且可以發財致富。如果是白的就說它是白的，黑的就說它是黑的，反而是變態！

第三縱然第一和第二兩種原因不存在，我們還是不易滿足求眞設準。因爲，我們每個人幾乎都有希冀、偏好、投射、理想化，等等心理作用，或多或少，會扯歪了我們對於事實的判斷或報告。所以，我們對於事實的判斷或報告就不易準確。培根（F. Bacon）將這方面的毛病說得很明白。他知道「人底悟解並非乾燥的光線」，而是被情緒和希冀之霧所籠罩。人只相信他們準備或願意相信的東西。人不願意面對令他們失望的事實。當著經驗之光足以打擊他們底虛矯之氣時，他們寧願無視經驗，而保持虛矯之氣。

經作者稍一作上列的指點，我們就可想像滿足求眞設準，是一件多麼不輕易的事。我們要能滿足求眞設準，必須校正知識機能的缺陷，必須糾正自己因情感等所產生的判斷偏差，必須與不利的環境奮鬥。這是三重艱鉅的事業。我們要能逐一克服這三重故障，才能滿足求眞設準而向眞理之途前進。科學之可貴，就在人類一切致知途徑中，它是最截直地斬此三關而進逼眞理的宮殿。

㈡印證原則

任何經驗科學底語句，必須可以直接或間接印證。否則，它在科學裡最多只有臨時席位，沒有常設席位。

愛因斯坦說：「一切科學底目標，在於調整我們底經驗，並且將這些經驗置於一邏輯系統中。」原子物理學家波爾（Niels Bohr）說：「科學底任務有二：一爲擴張吾人經驗底領域；二爲將經驗納入秩序之中。」

也許有人覺得對於科學的這種看法，與一部分藝術和哲學沒有什麼不同。懷海德（A. N. Whitehead）說，玄思哲學是一種思想的努力。我們藉此努力來構造普遍觀念底一個融貫的、邏輯的、必然的體系。藉此體系，我們可以解釋吾人經驗中的每一元素。的確，我們在科學中所要追求的，是宇宙或自然之型模、秩序、構造、系統。我們在科學中所要追求的，是把握經驗之流裡的原理原則。可是，這正是人類理智生活裡普遍追求的目標，早在希臘時代，許許多多哲學家即已作此追求。人類在文明之曙光時期，對於日月星辰底運轉和四時變化底周期性，即有所覺且感驚異。既是如此，那末，科學與這些東西有什麼不同呢？主要的不同，在態度和方法。

藉玄學的思想來了解宇宙，主要地注意思想自身的融貫，而不注意經驗事實，只有當經驗事實合於玄學家所構想的且不能藉經驗事實來印證但卻可給經驗事實底存在以理由時，經驗事實才爲玄學家注意並且採納。換句話說，玄學家底基本興趣之一，是將一切經驗事實嵌入那些永遠不能藉經驗事實來印證但只憑玄想或直覺或參悟而得的大原理原則底下。對於宇宙或自然之詩情的了解，是自我實現的；並且是爲了顯揚和提高人類底心靈而發的。無論是玄學的了解還是詩情的了解，都是自我實現的，也就是「無待外求」的。

科學之了解自然或一切存在，係藉著「說明」（explanation）來進行。科學的說明包括「後斷」（postdiction）和「預料」（prediction）兩個方向。前者是事象爲已知項時，我們拿某一或某些定律來弄懂。後者是某一或某些定律爲已知項時，我們據之以說出什麼事件將會發生。例如，氣象之預報。科學技術中對於尚未產生的元目之製造——例如氫彈、地球衛星等等，乃證驗某一個或某一組定律之直接而又最強有力的證驗程序。對於自然之成功的控制也是如此。凡此等等，俱把經驗事實看作太上皇。設有任何兩個理論甲與乙。二者都是構造簡單，而且都首尾一致。但甲不能面對經驗事實，而乙則能，於是乙取代了甲。然而，乙並不能因此「一戰功成」而「萬世一系」。乙底前途如何，端賴它是否能繼續說明經驗事實而定。如果我們在將來發現一個例外，那末乙只有讓位給丙。因爲科學家願意拿經驗事實作無可爭辯的最高裁判官，所以科學中常常發生「天演淘汰」的情形。占星學被淘汰了，天文學代替了它。鍊丹術被淘汰了，化學代替了它。特創論被淘汰了，演化論代替了它。地球中心說被淘汰了，太陽中心說代替了它。牛頓物理學家被愛因斯坦物理學修正了。……可是，這種情形在玄學中即令不是沒有，也少得可憐。多少像文學作品一樣，古今玄學可以並列雜陳，無分高下。爲什麼？反正沒有對證，聰明人大家編造好了，後人很難「決定」它們底眞假對錯。

三 無關於價值

對於價值，我們可以從三個角度來觀察：第一、價值的；第二、非價值的；第三、反價值的。所謂「非價值的」，意即「價值以外的」，或「無關乎價值的」。所謂「反價值的」一詞，有兩個意義：第一個意義是「反對」一切既有的被目爲正統價值的價值，而自己別立價值。例如，近幾十年進行的布爾希維克運動之一面，就是做這件事。第二個意義是「反對」一切既有的價值，而主張回復到無價值的自然狀態之中去。這二種意義之下的「反價值」都涵蘊著有「主張」。未有作「主張」而不含有價值判斷的。所以，在這兩種意義之下的「反價值」都是自相矛盾的。

科學是價值的、非價值的，還是反價值的呢？對於這個問題，至少有兩種截然不同的答案，而這兩種截然不同的答案，又都是來自衛道的陣營。這眞是一件有趣的事。有一種衛道之士說科學就是價值。這樣將科學嵌入價值體系懷抱裡去，親熱到科學有點吃不消。另外一種常聽到的答案，是說科學係反價值的東西。這種看法因爲什麼情節而形成，說來頗爲複雜，我們只有留待別的機會去論究。

依據在前面所說的，我們知道，科學所涉及的是而且只是經驗事實。科學之最基本的設準既是求眞設準，於是科學所須達到的極限是以最可能經濟的程序來記述並說明如此世界。我們要能做到這一步，自然必須盡可能地移除價值判斷對我們的干擾。在科學前期的前科學（pre-science）裡，攙雜有不少的價值判斷。這些因子在前科學裡存在，鉗制著科學底進步。古代希臘人把金屬分爲「高貴的金屬」和「低賤的金屬」。這種以價值判斷作分類原則的分類，對於商人也許很有意義，可是對於礦物學家則毫無意義。不僅毫無意義。反而妨礙礦物底純化。在礦物學家眼裡，黃金和黑鐵完全是「價值相等」的東西。這裡所謂「價值相等」，意思是說，如果我們說有價值的話則二者都有價值；如果我們說無價值的話則二者都無價值。這也就是說，礦物學家根本不管這類問題，也用不著管這類問題，管了對於他研究礦物學反而有害。他注意而且只須注意黃金與黑鐵底性質如何，化學成分是什麼，怎樣加以分類，等等問題。從這等等問題裡，一個微點的價值判斷也產生不出來。任何嚴格的科學都是如此。科學在而且只在對經驗事實作記述、說明或解析這個層界。所以，科學是非價值的。

我們說科學是非價值的，這話並不涵蘊科學研究底成果不可加以「有價值的」利用。可以的。化學家對於尼哥丁（nicotine）所作的分析報告，大有利於戒煙主張。癌症的研究，爲一切想長壽者所樂聞。關於電的理論知識之嘉惠電影事業，更爲婦孺皆知之事。

如果我們作科學研究的題材是價值資財，那末我們底研究是「價值的」嗎？否！如果我們對於價值資財作科學的研究，那麼我們進行研究的方法或程序以及結論，都是非價值的。我們對於價值資財作科學的研究時，與對於心理題材作心理科學的研究，在基本上完全一樣。如果我們研究價值資財時所用的程序也是「價值的」，那麼就等於在價值判斷之上再作價值判斷。在價值判斷之上再作價值判斷，其特定的結果如何固非吾人所可逆料，但其為混亂加上混亂則不難想像之事。

當然，如果有「價值迷」想把科學裝在他所私造的價值體系中去，那麼他有充分的自由這樣做。對於這樣的安排，科學家既不反對又不贊成。凱撒的事讓凱撒去做。

(四) 非絕對性

我們說科學底徵性之一是非絕對性的。這話具有兩方面的意義。可是，無論是那一方面的意義，我們都不希望讀者聽來引起一種元素的插入（ontological insertion），即以為科學底徵性「本來」是如何如何。「本來」是如何如何這樣的問題，縱談到天荒地老，也談不出一個所以然的。我們說科學底徵性之一是非絕對性的，這話之消極的意義是說，科學底原理原則、定理定律，沒有一個是絕對性的；這話之積極的意義是說，我們把相對性看作科學工作的基本「定著」（posit）。這樣的「定著」之設立，正如設立一個座標一樣，完全是為了工作的方便。復次，因為我們設科學為相對性的，其結果遠較視科學為絕對性的豐富，所以我們設科學為相對性的。

我們說科學底徵性是相對的，許多人聽了很厭惡，甚至於恐懼，惶惶然若大禍之將臨：以為一談相對性，就失準則，便即導向虛無主義。這種情緒，簡直是「中古情緒」（medieval feeling）。中古時代的歐洲，經院哲學獨佔天下，共相論鞏固著神聖羅馬教權底統一，聖多瑪底實在論支配著思想界。可是，後來法蘭西斯派（Franciscan）中像奧康（William of Occam）這樣的人興起，提倡名目論，於是多瑪思想之「定於一尊」的局面打破：教會內部底「理學家們」大感不安；自十四世紀到十五世紀，尖銳而又無止無休的辯論迭起。目前，中國底中古主義者（medievalists）之看現在流行的許多思想學說時的心情，也是這樣的。

其實，相對性並沒有什麼可厭或可怕之處。知識的相對論並不一定導向無準則：更不會導向虛無主義——它涵蘊著「多元」，因而只有使人生更豐富。而且，時至今日，相對性更易為人普遍接受；因而遠較絕對主義容易衍生穩定社會的功用：即令從這方面考慮，也用不著揪住絕對主義不放。何況，現在科學知識底發展太不幫絕對主義底忙？

知識的相對論有兩種：一種是主觀論；另一種是客觀論。主觀的知識相對論認為「眞理」不能獨立於時間、空間和特定的人身。所謂「眞理」是隨著不同的時代而變，隨著不同的情境而變，也隨著不同的個人、群體及國邦而變，普遍地說，「眞理」是因知識主體不同而不同。依照這條路子想下去，於是不同的民族有不同的「民族哲學」，不同的「階層」有不同的「階層哲學」，以至於不同的黨派也有不同的「黨的哲學」和「黨的邏輯」！客觀的知識相對論認為「眞理」獨立於時間、空間和特定的人身。這也就是說，一個陳敘詞是否為眞，與在什麼時間說的，在什麼地方說的，是誰說的，毫不相干。依照這條路子想下去，我們得不到「民族哲學」、「階層哲學」、「黨的哲學」和「黨的邏輯」。我們有而且只能有科學。我們有而且只能有「放諸四海而皆準」的科學。

這樣的科學，是怎樣得到的呢？我們藉著觀察、試驗和約定。約定之中，又有設準（postulation）、界定（definition）和規定（stipulation）等等。觀察和試驗是運作程序（operational procedures）。凡此等等，我們都叫做方法。這些方法，與任何獨特的人身無關，任何人可以用它們。約定可以建立於大家共同的經驗基礎之上，或經由大家同意而明文建立。所以，由此而製造出來的科學可以是互為主觀的（intersubjective）。既然是可以互爲主觀的，於是也就便於交通，所以也就可以「放諸四海而皆準」了。這些程序是多面性的。在這些程序之中，沒有任何一種能夠完全代替其餘的。不同的約定，常可得到不同的結論。所以，科學是相對性的。

近代科學底發展充分支持這一看法。亞里士多德邏輯自古代經歷中世紀以至於近代，獨佔邏輯領域。斯多葛邏輯（stoic logic）湮沒無聞。這種情況，造成學院圈子裡許多人一種印象，以爲正統邏輯只此一家。到了二十世紀，許多不同構作的邏輯出世。我們知道，邏輯不限於類底邏輯或外範邏輯（extensional logic）。我們還可以構作內涵邏輯（intensional logic）、模態邏輯（modal logic）、多價值邏輯（many-valued logic）等等。路易士（C. I. Lewis）說我們可以有各種相容的邏輯系統（alternative logical systems）。既然有或可能有多種邏輯存在，可見邏輯是相對性的。

歐基理德幾何學獨步數理世界，垂二千餘年。這種情形使得許許多多哲學家以爲歐基理德幾何學是幾何學方面唯一的先驗眞理。可是，羅巴切夫斯奇（Lobachevski, 1793-1856）和梨曼（Riemann, 1826-1866）等數學家出，從批評平行公理開始，許多種非歐幾何學相續出世。這一新的形勢出現，我們知道歐基理德幾何學只是許多幾何學之一種。於是，歐基理德幾何學之爲「絕對眞理」的神牌遂被打破。在物理方面，情形也是如此。牛頓物理學也曾被目爲「絕對眞理」。但是，如前所述，愛因斯坦物理學出現，修正了牛頓物理學，於是牛頓物理學的「絕對眞理」招牌便不能不拉下來。這一新的發現，從根本上動搖了建立於牛頓物理學及歐基理德幾何學之上的十八世紀的知識學說。這種情形，眞是「無可奈何花落去」，想將中世紀主義建立於眞理絕對觀之上的人士，無論用什麼方法揪也是揪不住的。

(五) 發展軌序

無疑，科學是人類心靈的努力之一。藝術、文學、哲學，都是人類心靈的努力。哲學中的唯物論或主義也是人類中一部分人之心靈的努力。心靈先於任何哲學而存在。它與任何哲學派頭都不相干。心靈並不與哲學中的唯心論或主義特別親密。它之並不與唯心論或主義特別親密，正猶之乎它並不與唯物論或主義特別疏遠：二者與心靈的距離完全相等。在人類一切心靈努力之中，科學是比較緊湊地依照大致確定的「軌序」（mechanism）而發展的。關於這方面的情形，我們可以分析於下：

1.世有「印度哲學」、「西洋哲學」之分；而無「法蘭西化學」、「英吉利化學」之別。這是什麼原因呢？這是因爲化學最主要的成分——化學理論——通天下都是一樣的。普遍地說，一切高度成熟的科學都是如此。爲什麼一切高度成熟的科學都是如此呢？因爲一切高度成熟的科學所用的方法、所取的基本假設、所用的語言、所採的架構，都是一樣的；至少，都是趨於一樣的：至少至少，科學家們願意將這些研究工具弄得一樣。所以，他們時常開會以期對於名詞術語得到共同的約定。物理科學和生物科學不必說了。行爲科學是科學中的後至之客。它在這一方面也不列外。柏遜斯（Talcott Parsons）、克拉克洪（Florence Kluckhohn）及拉波特（Anatol Rapoport）等學人在美國芝加哥的會議，就是爲了建立有關人類行爲的統一理論而協商概念與名詞之統一訂立。在行爲科學底研究方法方面，拉薩斯菲爾德（Paul F. Lazarsfeld）及羅森堡（Morris Rosenberg）等科學家極力創導。科學家們有了這方面一致的約定、資據和出發點，大家才能交通，才能共同爲同一種題材工作，才能核對或比較彼此底結果之眞假對錯。這也就是說，在基本上，全世界底科學是在同一軌序之上發展的。因此，全世界底科學在基本上是相同的。如果我們願意用「普遍主義」（universalism）一詞來描狀的話，那麼科學才眞正是世界上「普遍的」（universal）東西。

2.荷爾頓（G. Holton）將科學發展底狀態比擬作物種演化底軌序。這一比擬頗有助於我們了解科學發展底軌序。當然，這並不是說，科學發展底軌序就是物種演化底軌序。科學發展底軌序，正像物種演化底軌序一樣，首先得預先假定有「聯續性」（continuity）。科學之所以能一代一代繼續發展下去，必須有一穩定的程式來把科學底結構可辨識地保持下去。這種情形，與遺傳現象相似。遺傳之所以能夠持續，係因有染色體中的基因（genes）。科學之發展所以能夠持續，係因有前面所說的種種工具。這些工具之所以能發生持續的功能，因爲它們有三種特徵：㈠運作的（operational），或具有運作的意義（operational meaning）。因此，科學的概念才不是空話。不是空話的概念我們才知道實際遵循之道；㈡可以覆按。一氫二氧化合成水，這一實驗不僅在愛爾蘭舉行見效，在西班牙舉行也見效；㈢精密科學注重量化。從性質而昇到定量，乃科學在它底發展途程中之「更上一層樓」。不用說，時至今日，並非所有的科學都已進入這個地步。

3.物種在其演化的持續過程中，可有變異（mutation）發生。變異一行發生，新的因子就攙入。在生物界，變異之發生，有時起於尚未知其原因的染色體之分裂或合併；有時可用人爲的方法促其發生。後者例如施用化學的或物理的刺激於基因，使染色體分裂或重新結合。在科學界，新思想、新理論和新發現之出現，主要靠科學的天才。可是，僅僅有天才是不行的。「牡丹雖好，還靠綠葉扶持」。愛因斯坦如果生在新幾內亞部落，也不過一野蠻人而已。思想固蔽的中國，就很難望出一個羅素。李、楊二氏底諾貝爾獎金，只是他們在美國培育以後才得到的。「人在社會裡，猶魚在水中央。」一個社會要能產生傑出的科學人才，至少必須滿足兩個條件：第一、該社會必須充滿了「科學空氣」。在充滿了科學空氣的社會裡，人從小就泡在裡面，不自覺地耳濡目染的觀念就是科學觀念，這樣就容易產生科學的新思想、新理論和新發現。美國學童之能花樣百出地自製火箭，就是明證。如果一個社會裡所瀰漫的「文化意識」根本就是中古式的，或者，傳統第一，長老至上，現實主義支配一切，泛價值觀念籠罩大地，或者，大家畏首畏尾，怕這怕那，動輒得咎，思想必須跟著政治的主義走，那麼，這樣的社會能夠產生科學的新思想、新理想和新發現，那才是不可思議的事。第二、這個社會底建構必須具有彈性，它底彈性必須大到足以容納或適應一切新奇的可能。一個社會要能實現這一點，必須這個社會裡每一層面、每一角落、每一職司裡的人有表白意見的機會。這樣的社會，邏輯地就是民主的社會了。在這樣的社會裡，新思想、新理論才能被容忍，奇才異能之士才能出頭。如果一個社會裡的一切「率由舊章」，一切僵固，年資第一，助教底學問比教授好還是只能當助教，……那麼，這個樣子的社會只能一天一天地僵固下去。僵硬的土上，怎能開出燦爛的花朵？

4. 科學界理論和理論之間的競存，在某些方面，與生物界物種和物種之間的競存頗為相似。物種生息於大地之上，要能繼續生存下去，必須經過若干嚴酷的考驗。水災、旱災、火災、地震以及同類之相殘害，都是考驗物種競存能力的條件。通過了這些考驗而延續下來的物種，才是「適者生存」的物種。科學理論也是如此的。自古至今，科學理論不只一個。如果對於某一事象所提出的理論有許多個，而且似乎都「言之成理，持之有故」，那麼經得起嚴格檢證的那一個才存留下來，其餘都將成歷史陳跡。可是，如前所述，這存留下來的一個並不能保證它自己會永遠存留下來。它只能保證它比被淘汰掉了的優越。也許它長壽。也許它是一個短命鬼，「寄蜉蝣於天地」，朝生暮死而已。這一軌序，在科學中表現得最為嚴酷。可是，正因有這種軌序之推動，科學才日新又新，進步不已，產生像今天這種擺在我們面前的果實。

五、

我們在前面概觀了唯物論或主義，又巡禮了科學底徵性。以此為依據，我們就可進而分辨科學與唯物論或主義有何不同。本文底主旨既然只在分辨科學與唯物論或主義有何不同，而不在批評唯物論或主義，所以對它在哲學上的地位、在人類思想界中的地位、它底結構、它對人類行為的影響等等，都沒有預備批評。如果在本文中間或對它有所批評，那是從有助於分辨而著眼以行的。如果唯物論或主義值得批評，那麼只有留待別的機會。

㈠元學的唯物論或主義

作者在以上一提到materialism一詞時，常常是說：「唯物論或主義」。在這樣的場合，作者感到用名的困難。我們已經知道，idealism就是在傳統哲學裡的孫悟空。孫悟空七十二變。idealism至少有三變。它在知識底理論中是觀念「論」；在本體論中是唯心「論」；在人生觀中是理想「主義」，materialism呢？它在元學中是唯物「論」；在作為一種行動原則時，則是唯物「主義」。依照中國人底傳統，「論」與「主義」是不分的。可是，在作者底思想中，這一分別甚為重要。「論」等於「理論」。理論是乾乾淨淨的東西，它只是認知的產品或符號的構造。在理論裡，我們找不到任何「主義」，也看不出它叫人「應須」這樣，「應須」那樣。它說而且只說「是」怎樣。至於「主義」，根本就是「主張」。任何主張底背後都有價値判斷。理論是對經驗的眞相而說的話。主義是對行為的態度或方向而說的話。這二者根本是兩回事。直到目前為止，沒有人眞正能夠把二者等一起來，所以不可混為一談。但是，一般人常將此二者涇渭不分，而且傳統哲學家常將這兩股截然不同的繩索扭在一起，所以使作者感到用名的困難。為了避免這種困難，作者只有將materialism譯作「唯物論或主義」了。

元學的唯物論或主義是「論」重於「主義」。辯證唯物論或主義是「主義」重於「論」，元學的唯物論，嚴格來說，是沒有「私有財產」的哲學。它總是借用科學底財產做它底的財產。這麼一來，就其為一「論」而言，它就成為浮現在科學之上的一個「論」。除了物理科學以外，它還得看生物學、生理學、心理學及社會學底顏色說話。它是隨科學底進展的一個函數。關於這方面的道理，我們已經在前面說過了。這裡不再討論。

(二) 辯證唯物論或主義根本就是一種玄學

我們這裡所謂「玄學」，就是任何一組命辭，這一組命辭既要正式地（literally）對經驗世界作全面的認知斷說，但又不受經驗底證驗或否證。辯證唯物論或主義就是這樣的一堆話。但是，辯證唯物論或主義者常常宣稱辯證唯物論或主義是「科學的」。陳仲甫不僅科學，信以爲眞。在我們這個地球上，有許多地區根本還滯留在神權、法師和迷信的統治之下，可是卻使用電話、電冰箱、……你能因此就說這樣的社會在基本意識形態方面是和美國一樣嗎？不錯，辯證唯物論或主義者所舉的例證，常係採自科學。可是，他們所採的那些科學例證，是安放在什麼架構裡呢？他們是把那些科學的例證安放在一不科學的架構以內。這麼一來，本來是科學的例證，就完完全全失去其爲科學的例證作用了。科學的例證有而且只有安放在科學的架構以內才能起科學的例證作用。

「正」、「反」、「合」就是玄學的架構。辯證唯物論或主義者依照這一架構來構成他們底社會觀、歷史觀，以及行動指導原則。我們現在要問：在性質上，「正反合」是先驗的呢？還是經驗的？如果說它是先驗的，那麼由何得知？依何而成立？從何而斷定經驗世界中的社會歷史底發展係跟著它跑？如果它是經驗的，那麼像這樣曠大無邊的一個公式，究竟對於經驗世界裡的形形色色說了一些什麼？如果它對於經驗世界無任何所說，那麼我們怎麼知道它是眞的？又怎麼知道它是假的？如果它連眞假都說不上，那麼有何認知的意義（cognitive meaning）可言？符咒也是沒有認知意義的，可以信邪的人卻捧之若神明。有力量的東西不必眞。眞的東西不必有力量。這似乎「注定了」人類底悲劇！

我們在前面說過，科學是無關價值的。可是，正如克勒遜（Hans Kelsen）所指出的，辯證唯物論或主義底基本公式「正→反→合」中的正、反、合既非單純的記述名詞（descriptive terms），又非單純的價值名詞（value terms），而是記述名詞與價值名詞攪混在一起的名詞。黑格爾相信思維律同時也就是事實律；倫理價值與邏輯皆寓於「實在」之中：外在的事物對立與內在的思維對立是一回事；我們底思維要緊緊把握著矛盾；矛盾乃自我運動底原理。這一套妙論之爲從事實際行動的權謀家所深喜，不是偶然的事。如前所述，科學中沒有價值。一旦價值成爲科學研究的對象，這種研究也不是價值的。所以，像「正、反、合」這樣混價值與實在爲一談的公式，無論如何，在科學中是塞不進的。

(三) 傳統哲學缺乏工作軌序

我們在前面說過，科學底發展大致係依相同的軌序進行的。在這一方面，傳統哲學眞是瞠乎其後。自古至今，傳統哲學沒有共同的出發點，沒有共同的方法，沒有共同的架構：不僅如此，甚至沒有共同的語言。西洋哲學與印度哲學，中國哲學和西洋哲學，它們之間難以互通的情形，這是大家諗知的事實。甚至同爲西洋哲學，在不同的大家之間，也很難以互通。休謨哲學與黑格爾哲學，相距何止十萬八千里！同樣叫做「idea」，柏拉圖、休謨及黑格爾各人的命意是多麼不同。如果這些大哲學家在陰間相遇，而且上帝諭令他們開一個會來釐訂「哲學名詞」，那末他們怎麼交卷，我們眞耽心！

近幾十年來，哲學界的「同仁」對於哲學裡的這種光景，產生一種態度或要求，就是認爲必須弄個結束。讓哲學裡這種「無軌列車」的情形，或「無政府狀態」成爲歷史陳跡。他們要把哲學帶上一種軌序，或者，乾脆說，就是把哲學帶進科學的軌序。這類哲學「同仁」，起先叫做「維也納學派」，後來叫做科學經驗論者、邏輯經驗論者。這種態度或要求甫經提出，有的哲學「同仁」大爲讚佩，喝彩歡迎，紛紛朝這條路去努力；尤其是新興科學的科學家，受益匪淺。可是，有的哲學「同仁」對此態度或要求則怒不可遏。他們認爲這是「哲學的墮落」，大加反對。除此以外，界於這兩種「同仁」之間的，尙有以或多或少程度來接受或反對的。

反對的理由是說，哲學「根本高於科學一個層次」，所以不能放在科學軌序或類似科學軌序的軌序裡去。「哲學是超知識的」，所以不受認知條件底制定。如其不然，哲學就會被「釘死」。有些本位文化主義者認爲，中國哲學之難與西洋哲學互通，這正是中國哲學底高妙處，也正是中國哲學底獨特處。如果中國哲學用西洋哲學名詞和語法來翻譯，那末就走了樣，就失了原味。照作者看來，這等於說，港幣根本不能兌換美金，港幣兌換了美金就走了樣。從前內地的鄉巴佬的確怕用本土的鈔票兌換申鈔。山西土豪更常把銀錠埋藏地下。可是，如果港幣不能兌換美金的話，那末恐怕等於一張廢紙！

作者不知道作這種高論的人士怎樣區別哲學與文學。我奉勸一切喜作此類高論的人士在作此類高論以前，切切實實熟讀這本初等教科書：《*A Modern Introduction to Logic*》，尤其是這本書底前九章。

邏輯經驗論者之斤斤講究解析、邏輯、語意學、科學方法，並且要用這些工具來處理哲學問題或重建哲學，無非是想將哲學納入一個軌序。這些工具，獨立於傳統哲學中任何派別。採取這些工具，也不可能把哲學導向任何派別。邏輯經驗論並非哲學裡的一個派別。鬧派別，根本是一門學問尙未上軌序的現象。科學就很不容易鬧派別。

現在，若干新起的哲學家漸漸能夠在一個軌序中工作。他們底基本出發點，他們底基本方法、他們所依架構，都是相同的。他們所用語言更能相通。近四十年來，這種趨向，愈來愈明顯。我們眼看著，一個輪廓清楚的哲學，日日成長起來。可是，面對此情此景，許多傳統哲學的抱持者感覺不安。他們深恐哲學這樣就完了。照我們看來，這是過慮。完了的是玄學、是獨斷之說、是語言遊戲，不是「眞正的哲學」。如果傳統哲學確含顛撲不破的「眞理」，豈怕這一場考驗？如果目前方在建立中的哲學軌序同時又是一組標準的話，那麼拿這一組標準來度量，我們就不難想像，有許多哲學遺產是通不過的，有些則在經過一番洗滌或改裝以後，可被吸收到新的哲學之中去。

至少，作者不否認直覺、透察以至於任何自由想像底「作用」。它們是人類文化進步的推動力。自古至今，無論是哲學還是科學，常常因這些能力之衝擊而得到新的展進。不過，有許多人覺得這些能力與軌序不相容，在科學中，一方面以人類心靈活動裡最嚴格的軌序，另一方面又能容納新的創見。我們從來沒有聽說數學軌序妨礙或桎梏數學家底原創作活動能力的事。否則數學怎會有今天這樣的光芒萬丈！在這一關聯中，我們所得到的結論，與保守人士剛剛相反：唯其因有軌序，我們底創見才能得到理證（justification）。依此前提推論：軌序愈嚴密，我們底創見愈能得到理證。可是，如果我們面對這組軌序莫知所措，不知怎樣運用，而且又沒有創見發生，那麼在空虛之餘，只有板起面孔來抱殘守缺。

六、

依據以上的解析，我們應能知道科學在基本上不是唯物論或主義。唯物論或主義只是傳統哲學裡的東西。新哲學裡沒有它容身之地。唯物論或主義無論怎樣與科學靠攏，它既兼有主義的成分，所以不可能成爲科學。然而，四十餘年前思想上的領導人物在一開始的時候就把二者混爲一談。於是，唯物論或主義，像狼跟在羊後面混進圈子似的，借著科學之受到新起一代人的歡迎之便，再加上與貧困情況配合，遂成爲中國甚爲得勢的社會思想。它底發展與影響，大有泛濫莫遏之概。這一錯誤，已使中國受害不淺。但是，四十多年以後的當今，仍然有許許多多人將科學與唯物論混爲一談，並對科學橫施攻擊。這一誤解以及由它所導致的行爲，只有使中國底前途更為渺茫。我們浪費的太多了！我們不應再浪費了，就作者看來，我們除了藉科學從思想方式以至於技術上徹底改造中國以外，再也找不到使中國能有光明前途的看法。可是，目前這股子對科學所發生的誤解心理及由此所導致的種種行為，別的有益效果都找不到，只有阻礙科學在我們自己這裡生根和發展而已。這樣看來，作者之分辨科學與唯物論或主義，不只是滿足理智的興趣，它更有其實際的「時代意義」。

——原載《祖國周刊》，卷二十六期七、八（香港：一九五九年五月十八、二十五日）

10 論科學的態度

無論從歷史的觀點來看和從倫理的觀點來看，中國並沒有科學。中國充其量有「科學前期的」（pre-scientific）東西。除了科學前期的東西以外，其餘的就是非科學的（non-scientific）東西，甚至反科學的（anti-scientific）東西。非科學的東西，例如文學、藝術等等。凡對於經驗世界作斷說但此斷說既不能印證又不能否證的，都是反科學的。許許多多玄學言詞（metaphysicalutterances）都屬此類，而且充斥中西哲學書籍。爲了大家易於明瞭這類言詞底味道，我們現在徵引一段在這裡：「理性是本質，也是無窮的力量，是其自己底無窮質料。這無窮的質料是在一切自然和精神的生命底下。它又是無限的形式。這無限的形式使一切質料運動。理性也者，乃一切事物得以存在之本質也。」這段言詞似乎說了許多，其實什麼也沒有說。可是，對於沒有科學頭腦的人，這段話頗有迷惑力。不過，如果我們高興的話，將這段言詞裡的「理性」換成「上帝」，那末，對於這段話底無意義性（meaninglessness）絲毫沒有改變。如果我們有寫神話小說的興趣，把「理性」改成能作七十二變的「孫悟空」，那末除了失去莊嚴意含以外，我們看不出對於原有言詞有何損害。我們眞不了解，在大學裡，爲什麼要費那末多的寶貴時光教授這類言詞。當然，上面徵引的一段言詞是來自西方。可是，我們打開中國哲學史籍一看，滿紙的「理」、「氣」，味道和這是差不多的。讀者如有興趣，不妨自行翻閱。這裡爲了節省篇幅，不去徵引。即令只看了這一小段話，我們已足明瞭玄學的言詞去科學之遠何止十萬八千里！

近幾年來，一部分中國人「提倡科學」之聲又起。之所以如此，當係炫於科學之實效，震於科學之威力。可是，基於這種原因而「提倡科學」只容易注意到科學底枝節或致用方面，而忽略了科學底根本。科學底根本是科學的態度及科學的方法，況且，在「提倡科學」的同時，許多人士深恐科學的態度抬了頭，對於自己固有的什麼不利，於是搬出道德倫教、主義教條和民族精神這類神聖不可侵犯的禁忌壓在科學上面，或者將科學泡在這些禁忌所釀造的空氣之中。這樣進一步退兩步，那裡搞得好？這好像把水仙花泡在污泥中，豈能開出美麗的花朵？

時至今日，事實很明白地擺在大家面前：懂科學者制人，不懂科學者制於人。科學不僅是了解世界的途徑，並且是求生存的工具。不懂科學的人不僅糊塗迷混，並且因沒有這種工具而無法生存。但是，我們要弄好科學，必須從基本的心理狀態方面著手培養，這就是要養成科學的態度。科學的態度是形成科學的必要條件。我們有了科學的態度，固然不必即有科學；可是，如果我們沒有科學的態度，那末一定無從形成科學，所以，我們東方人要提倡科學，必須在基本上從培養科學的態度開始。

培養科學的態度，必須分消極的和積極的兩個方面。消極的方面是將足以妨礙科學發展的道德倫教、主義教條和民族精神，以至於一切社會神話從科學界域中剔除。積極的方面是培養那些足以導致科學之建立的心理狀態。我們先討論前者。

我們現在說爲了培養科學的態度，必須將足以妨礙科學發展的道德倫教、主義教條和民族精神，以至於一切社會神話從科學界域中剔除。此語一出，作者深知一定引起許多人士底恐懼與不安。因爲恐懼與不安，所以對於這種說法一定會橫加責難。責難的重要論旨之一，是把道德淪喪歸咎於科學。多年以來，羅素之所以遭人攻擊甚至排斥，也正是由於這類原因。其實，這類責難，乃對科學無知的表現。時至今日，一般說來，傳統道德確有淪喪的趨勢。正在這一開頭，道德家尋找傳統道德淪喪的原因而不得要領——因爲他們不願請教心理學家等經驗科學家，於是科學成爲替罪之羔羊，我們且看對於科學的責難之代表作是怎樣的：

近代生活顯然是無原則的，……而且顯然是缺乏意義和目標的。之所以致此，乃因至少在西方世界所流行的宇宙觀係赫爾德先生（Mr. Gerald Heard）所說近代科學之「機械擬態的」（mechanomorphic）宇宙觀所致。依照這種宇宙觀，我們把宇宙看成一架大機器，這架大機器毫無目標地轉動著，最後直至僵固和死亡。依這種宇宙觀看來，人，不過是這一架大機器中渺小的產物而已。人就這麼樣地活下去，直到生命的盡頭，物理的生活是唯一真實的生活。心靈只是身體底產物。個人的成就和物質的享受乃價值之最後標準，亦即合理的人之生存所趨向的目標。

這一段話，可以說是咒詛科學的典型作品。這幾年來，我們身邊所聽到的咒詛科學的言論沒有比這更精采的了。那些話頭所含的意義也沒有超過這一段話所含有的了。可是，也沒有那種說法比這一段話對科學的誤解更大。正如法蘭克（P. Frank）所一再剖示的，近代科學已不復置基於機械論之上。近代科學之不復置基於機械論之上，正猶之乎它之不復置基於生機論之上。科學之不接近機械論，正猶之乎科學不接近生機論。無論是機械論也好，或生機論也好，都是科學前期的東西。近代科學是不需要它們的。該段文章底作者所指責的，正是科學所棄之如遺的玄學。它與科學何干？關於這方面的專門討論，我們只有留待旁的機會去舉行。

科學底本身對道德絲毫無所主張。從科學底邏輯蘊涵（the logical implications of science）裡，我們固然找不到合於任何道德的結論，也找不到反對任何道德的結論。既然如此，科學怎能對道德淪喪負責？在事實上，道德淪喪之責應由傳統道德自己來負。若干傳統道德家不以行為科學等類經驗科學為基礎，而要找「道德之形上學基礎」。他們以為把道德放在「形上學的基礎」上穩當些。而放在行為科學等類經驗科學上反而不穩當。結果自然空泛，不著實際。這樣的道德，怎能付諸實踐？關於這方面的弊病，蒲拉勒（David W. Prall）說的十分中肯。他說：

「只有那些哲學家們認為科學是有限的東西，不足重視。他們對於科學作這種批評，往往係以先驗的辯證法為依據。而任何初學邏輯的人都可知道，所謂先驗的辯證法也者，不能給任何人關於任何東西的任何知識。……可是，這樣的哲學家們卻高驕而又無知地建立關於倫理的軌範和學院。然而，他們又不懂法律，不懂社會史和制度的皮毛，也不懂有關人的機體的專門知識。他們不去試著了解別人底生活，不去試著分享別人底生活。他們不肯面對經驗世界，而卻一步又一步地走向遠隔現實的境界，走向混亂與矛盾。他們即令不是走入基督教的神話及經院派的神學裡去，也走入亞里士多德的因果、要素，或柏拉圖的觀念層級裡去。……」經驗事實告訴我們，這樣談道德等於把海市蜃樓當作高樓大廈來住。我們要確立道德，並不是排斥科學，而是更要接近科學。我們需要道德的科學。

我們說要培養科學的態度，在消極方面，必須將足以妨礙科學發展的道德倫教、主義教條和民族精神，以至於一切社會神話從科學界域中剔除。從這話中推論不出是否反道德或反宗教等類結論。我們只是說這些東西，無論在人生其他方面是否需要，必須「從科學界域中剔除」。關於這方面的道理，如果我們了解以後所陳示的種種，那末將會更加明白。

我們現在進而討論積極的科學態度。正如我們已經在前面說過的，所謂積極的科學態度，就是那些足以導致科學之建立的心理狀態。這類心理狀態是多方面的，而且這些方面是互相影響的。我們現在只能列論其中最重要的二者。

第一、**遵從事實**。稍有常識的人就可以知道，我們在從事科學工作的時候，態度更要客觀。如果在從事科學工作的時候我們「主觀用事」，那末科學是研究不好的。這話似乎不錯，但是在臨事時對我們沒有什麼幫助。「要客觀」這個字眼，正像「要理性」這樣的字眼一樣，作者預備叫做「要求名詞」（claimterms）。這類名詞充其量只能鼓起一股心理取向。這股心理取向，如果沒有殊定的知識（specific knowledge）來指導和充實，那末便是盲目的。有人提倡「理性」，可是到時候不知道該怎樣言行才算是「理性」的時，便和未提倡「理性」在實效上並無不同之處。事實是殊分的，而且也是比較容易把捉的。因此，我們現在撇開「客觀」不談，只談事實。

事實是科學底起點。離開事實而談科學，這是不可思議的事。至少經驗科學建構離不開事實。經驗科學不能不對經驗事實說話，理論或定律是科學所要企及的目標。但是，理論與定律所涉及的還是事實。所以，事實是與科學共始終的。

權威有許多種。粗略地說，權威有政治性的、宗教性的、道德性的、經濟性的、綜合性的、學術性的。權威對人眾底生活之一方面或許多方面有影響力或支配力。但是，除了學術權威以外，權威在科學裡是用不上的。即令是學術權威，除非它是研究努力和成績累積的標記，否則在科學裡也用不上。在科學裡用得上的權威，完全可以化約而成研究努力和成績累積及其可靠的蓋然程度（probability degree）。所以，最後分析起來，不從心理而從邏輯觀點看權威在科學裡完全用不上。那末，經驗科學中需要決疑時憑什麼呢？我們憑事實。最顯著的情形，例如，若有兩個互不相容的假設而且我們必須作一取捨時，我們常拿事實作決定項。訴諸權威，在認知界域裡是毫不相干的。訴諸事實是解決經驗知識問題的重要門徑。

我們這樣重視事實，這並不表示我們說事實是一堅體（rigid body）。粗樸或天眞的人總以爲事實像一塊石頭似地擺在那裡。稍具詭思能力的人則以爲，與其說事實像一塊石頭，不如說事實像阿米巴。這也就是說，事實並非一概都是輪廓顯然一目瞭然的東西。但是，事實也並非完全沒有輪廓可言。事實底輪廓，在較少的情形之下是一望可知的，在較多的情形之下需經努力洗刷才有清楚的希望。偵探所做的工作就是這樣的工作。一部分考證工作也是如此。

事實並非幻構（fiction）。這一點是非常顯然易見的。如果我們拿「有」和「無」來作一雙詞謂，那末我們可以說「事實是有的」，「幻構是無的」，我們可以說秦始皇造萬里長城是一事實；但是我們不能說秦始皇求得長生不老之藥是一事實。

事實不是事件，而是事件複合（event-complex）。這一複合賴以構成的關係至少須是有對換性的。在事實底指涉系統裡，除非指涉項是一個體，否則其中的關係不能是自反關係（reflexive relation）。嚴格的自反關係在時空中無法實現。地球衛星並非事實，地球衛星繞地球而行才是事實。楊貴妃不是一事實，楊貴妃出浴才是一事實。楊貴妃跳芭萊舞不是一事實。

事實是有歷史性的。希特勒發狂，拿破崙稱帝，施劍翹手刃孫傳芳，這都是事實，而且是歷史中的事實。加瑪線放射，元素蛻變，黃河改道，杜魯門遭噓，這都是事實，也都是有歷史性的事實。有歷史性的事實在時間裡延伸。

我們現在從最簡的事件開始，中間經過許多中間的級序，到最複雜的建構，例如，從電閃、到照相、到打人、到談相聲、到建立國邦、國際聯盟、聯合國、道德判斷，各依其複雜的程度，排成一個級序；再看在這一級序之中，所謂事實處於什麼位況。根據上面所已經說過的理由，我們不能說純感覺基料（sensedata）就是事實。最簡單的事件，在未施判斷以前，可能只是感覺基料，不是事實。我們把它套入一個或一個以上的指涉系統裡才可能成爲事實。由此可見事實並非「給予的」（given），而是「推出的東西」（something derived）。既然如此，我們不難知道建構愈簡單，推衍的程序經過的愈少，那末事件是否爲事實便愈易決定。反之，如果建構愈複雜，推衍的程序經過的愈多，那末事件是否爲事實便愈難決定。我們要決定或印證雷鳴是否一個事實比較容易。我們要決定亞爾薩斯．羅林屬於德國是否一個事實就很困難。所以，從知識層界著想，建構愈複雜，所需推衍的程序愈多，則紛爭愈易發生。如所周知，關於物理的論爭較少，而關於人理的論爭較多。之所以如此，一方面的原因在此。

依據以上的陳列，我們知道，所謂「事實」固然不是現成的貨色，但也並非不可捉摸的幽靈。在實際上，各種不同的科學程序決定不同的事實。只有遵從事實，我們才可感覺到這個世界底實況不隨人意調度和造作。也只有遵從事實，科學上的是非眞假才有作個分曉的希望。玄學家不遵從事實。他們要「超越經驗」他們要在玄想、文字、意欲和價值的迷陣裡遊戲。所以，他們之間的爭論永遠沒有解決的可能。人間的遊戲本來很多。文人加添一兩種遊戲，既無礙於天地之大，又可增加人生的樂趣。然而，我們不要忘記，不對經驗事實負責的東西，便無眞假是非可言。如果想拿這類東西來判別人間是非，或應用到社會人生，那就是過分認眞了。

第二、接受修改。科學並非沒有錯誤。科學的態度和反科學的態度二者之間最基本的不同，在前者原則上可以接受修改，甚至根本取消，重新來過，而後者在原則上不許修改，更不容許推翻。我們知道，人類底知識，無論從歷史方面觀察，還是從理論方面觀察，係一逼近的系統（an approximative system）。既然如此，就有修改的餘地。科學是人類知識底中堅。科學無寧歡迎修正，必要的時候接受推翻。因爲，唯有這樣，才能步步逼近眞理。我們從來沒有聽說某科學家因有人修改他底理論而說這人「思想有問題」。科學的眞理靠發現，靠推演，不靠啓示。在科學中，我們找不出任何一個論證來支持世上有一成即就的眞理之說。反科學的態度與此剛好相反：抱反科學的態度者認爲他們底眞理是絕對的，一成即就的，因此不能接受修改，不能接受批評，更不用說推翻。如果有人對於他們底「眞理」提出批評、修改，甚至予以推翻，那末不是認爲「異端邪說」，便是認爲「大不敬」。

關於這兩種態度，柯比（Irving M. Copi）描寫得頗有趣。他說：「那眞正接受不科學的說明者底典型態度是獨斷的，他所接受的說法，在他看來，是絕對的眞，而且不能改進或修正。當中世紀和近代初期時，亞里士多德底言論乃最後的權威。當時的學人乞援於亞里士多德這種權威來決定有關事實的問題。亞里士多德本人對於他自己底看法是依照經驗和從開放的心靈而得到的，可是他底這些看法卻被學院派不科學的人士以一種與他全然不同和反科學的精神來接受的。伽利略發明了望遠鏡以後，他請學院派底一位人士用這個鏡子來看新發現的木星之衛星，可是這位人士卻拒絕了。他拒絕的理由是說，沒有人能夠看見這些衛星。因爲這些衛星在亞里士多德底天文學論著裡找不到！因爲不科學的信仰是絕對的、最後的和終極的，於是在這種主張底架構以內或獨斷之說以內，我們找不到質疑是否眞實的理性的方法。然而，科學家對於他所作說明的態度則完全不同。在科學中，科學家提出每個說明時，總是持著一種試爲的和姑且這樣說的態度。他們認爲所提出的任何說明只不過是假設，只不過是依據我們所能接近的事實或相干的證據而作出的假設，這樣作成的假設，只是蓋然地爲眞。……」又說：「許多不科學的看法只是一堆成見而已。信持這些成見的人，很難舉出任何理由來支持他們爲何相信這些成見，因爲他們把這些成見當作『至當不移』的眞理，所以，如果有人對之提出任何挑剔或質疑，那末可能被他們認作是公然侮辱。他們對於公然侮辱可能予以同樣的反擊。……」我們不難感覺到，目前世界若干地區正被籠罩於這種反科學的態度所造成的氣氛裡；而且這種反科學的態度正在藉著種種訓練或復古運動所鼓舞、擴大著。這是人類悲劇之源。

自古至今、科學、理知與宗教、神話之間未嘗止息的衝突，在基本上，就是科學的態度與反科學的態度之衝突。在這二者之間，所謂的「哲學」，則有時替科學幫閒；有時替宗教幫閒。它替科學幫閒時，科學變得通透，富於反照力。它替宗教幫閒時，宗教固然因得到一層學術的飾品而較富於說服力，可是因沾染了宗教的氣氛，哲學更變得武斷和富於神諭色彩。

反科學的態度，在一方面能給人心理方面某些滿足，在另一方面它成了鞏固和建立權威的心理要素。因此，自古至今，這種反科學的態度，一直被宗教及其他許多建構和既成權威所支持著，一直藉教育和教材所薰陶著，一直被視作一種美德。到了近幾十年，這種反科學的態度更像培製酵母一樣，大量培製。培製的結果，形成當前一股用科學技術來反科學基本的盲目洪流。復古主義者則想培養因對古往事物的愛好之情或道德的激情來抵制他們的敵人。且不說這一企圖絕無成功之望。即令成功，亦非人類之福。宗教迫害、道德迫害、正義之怒等等滋味，我們已經領略過了。何況，這些東西根本就是目前人類和平之敵的開路先鋒！傳統的道德人士以爲「義怒」、「道德勇氣」，這些心理狀態，與「正義」及「道德」，有必然的關聯。於是，一提倡「正義」，便發出「正義的怒火」；一提倡「道德」，便可產生「道德的勇氣」。他們再拿這些力量來抵制道德與正義底敵人。而「正義」與「道德」是老牌子的好。所以，他們要在廢墟裡撿出這些東西來應用。殊不知「義怒」和「道德的勇氣」這些心理狀態，根本就是中立性的東西。任何內容佔據著「正義」和「道德」的寶座，都可以使人產生「義怒」和「道德的勇氣」。對於前朝「忠」者，未見得對於後朝一定「不忠」。如其不然，「忠臣傳」就不成爲珍品。納粹主義者狂熱地反對在他們對面的東西。在他們對面的東西也同樣狂熱地反對納粹主義者。基督教徒在保衛他們底宗教時自覺是正義的。回教徒之毀滅基督教也自覺滿有所本。人在那一邊時，總覺得他那一邊是「站在眞理的一邊」。現代的宣傳技術和教育統治更充分發揮這一方面的迷妄。相形之下，傳統的道德家們眞是瞠乎其後。何況他們這點微末的努力，也給權力者撿了便宜？他們「揚棄」了「正義」與「道德」的內容，歡迎「絕對」和「肯定」，來延長其自私和愚頑。我們所需要的不是道德的愚忠，而是啓蒙的展望和開放的心靈。不識時務的道德家可以休矣！

古代的宗教狂熱者，中古的經院派，現代的各種各式的「主義」製造家和銷售員，爲什麼都如出一轍地培養善男信女們底反科學態度？除了上述原因以外，還有二個重要的緣故。第一是這些人最怕「面對事實」。他們深恐善男信女們養成事事求證的習慣。他們怕人把他們所說的與事實對照。在這類人物之中，上焉者藉著建立道德倫教和凝固信仰來造成或幫助權力者造成中古式的穩定；下焉者則描繪天堂，開空頭支票，濫許諾言。從法律的觀點來看，這類下焉者的人物很少不犯欺詐罪的。但是，他們卻又常爲法律底頒製者。第二是在心理方面權威與懷疑不相容。如果要權威建立得起來，那末必須使人眾形成對權威象徵絕對盲目的信仰。如果要形成這樣的信仰，那末最低限度必須排斥的態度是懷疑。所以，在中古式的人物看來，懷疑即是異端的徵兆。在權威的保有者看來，懷疑即是不忠的開端。當然，在這同時，這種人物自己則保有對每一個人懷疑的特權。這是「單行道」（one way drive），而不是「雙行道」。可是，在科學的態度裡，潛藏著懷疑的成素。所以，這些人必須培養善男信女底反科學的態度。代嘉德（R. Descartes）死後不久，他底哲學之清晰極爲羅馬教會寵愛，幾乎有取經院哲學而代之之勢。可是，好景不常，教會哲學發現代嘉德哲學特別強調懷疑，這對宗教信仰大有危害。一六六三年，代嘉德底著作於是被羅馬教廷列入禁書之列。他底哲學在法國大學禁止敎授。甚至在荷蘭，正統的宗教改革派底僧侶們對代嘉德哲學也大肆攻擊。支持代嘉德哲學的人被逐出大學之門，也不得在教會任職。

回顧歷史的過去，人類因反科學而形成的愚蠢和悲劇眞是層出不窮。然而，安知夫後之視今不是猶今之視昔？現在，人類已經走到一個關頭。在這個關頭，我們不能不問一聲：人類何處去？

今後，人類自我毀滅，只是一朝之事，巨人們如果滿腦袋裡裝著原始觀念，可是手上卻握著最現代的科學技術成就，這與小孩玩手槍有何不同？人類一天處於這種形勢之中，一天就惴惴不安。我們底安全不能操在自己手裡。我們時時恐懼山崩、地裂、海嘯、陸沉。渺小的個體，擋不住這些突然的來襲。我們太需要改變這一形勢了。然而，我們靠什麼？

從古至今，爲解決科學的理論問題而流血的事幾乎未之前聞。因應用科學的態度而興師動眾的事更絕無其事。可是，爲宗教、爲主義、爲教條，而大動干戈，殺人盈野，血流漂杵的事，眞是史不絕書。在這一對比之下，我們要澄清現在，我們要爲人類想出一個可以相安無事的前程，究竟是應該走拿教條對教條的老路，還是應該跟著科學走？科學態度，不僅可能有助於科學的研究。科學態度的擴大應用，更是人類前途光明之所繫。

——原載《祖國周刊》，卷二十七期九（香港：一九五九年八月二十四日）

11 論科學的說明

一、擬似科學的說明

我們要弄清楚科學的說明是什麼，首先須做一番釐清的工作。不幸得很，在⑴科學的說明（scientific explanation），⑵非科學的說明（non-scientific explanation），及⑶反科學的說明（anti-scientific explanation）三者之間，沒有一條幾何學的界線可劃。之所以如此，最主要的原因有三種：㈠人底知識之限制；㈡⑴、⑵、⑶，都不能不用語言；㈢經驗科學底基本假設與形上學的臆說並沒有截然不同的界限可分。我們現在將這三者加以論列。

第一、一部科學演進史很明顯地告訴我們，經驗科學知識底演進多是逐漸的。在這一演進的過程中，人所堅持的「眞理」是而且只是那一階段中人底知識能力所企及的「眞理」。地球上的人類在他們可生存的將來能否發現所謂「最後的眞理」非作者所能臆斷。不過，無論怎樣，我們回頭過去看看，以往被看作是「眞理」的論說，以後常常發現是「假理」。物理科學中的目的論、完美形式說、火氣說（phlogiston theory）、地球中心論說（geo-centric theory），就是如此。在生物科學中和人理科學中或行為科學中，情形尤爲黯澹。科學底演進，不能不受人底知識能力之限制。所以，科學的說明在基本上不能完全與非科學的說明甚或反科學的說明截然分開。

第二、無論是科學的說明還是非科學的說明甚或反科學的說明，都不能不用語言表達或組織出來。這也就是說，三者都不能沒有語言的層面（linguistic aspect）。雖然三者不止於有語言的層面。人是用語言的動物。人常習慣於藉語言來了解內容。愈是高級的知識分子愈依賴語言。這種唯語言是賴的情形，到了哲學家，可謂登峰造極。然而，可惜得很，在人所用的語言中，沒有語法（syntax）可資識別那些語句是有認知意義（cognitive meaning）的，那些語句是沒有認知意義的。文法是語法底一種。文法所能給我們的意義保證是消極的。我們只能說，任一語言表式（linguistic expression）如果不合於某一自然族語（natural grouplanguage）底語法，那末相對於這一自然族語而言這一語言表式沒有意義。但是，這一陳敘詞底倒轉推論不常眞：我們不能說，凡合於某一自然族語底文法的語言表式都有意義。「三角形是苦的」。這一語言表式在任何方面都合於漢語文法。可是，它無任何意義可言。既然語法不足以保證意義，當然更不足以更進一步地保證認知意義。這樣一來，即是人類底語言構造不足以劃分有意義的表式和無意義的表式。既然人類底語言構造不足以劃分有意義的表式和無意義的表式，於是我們就缺乏一個有跡可循的意義標準。這是意義學說中面臨的一個嚴重問題。這個問題沒有解決，影響到科學知識底建構。科學知識建構底樞紐之一在科學的說明。科學的說明必須有認知意義。我們有理由假定，至少反科學的說明沒有認知意義。既然我們迄今缺乏劃分認知意義與非認知意義的標準，於是科學的說明與反科學的說明以至於非科學的說明可躋躋一堂，而難以區別了。

第三、如果我們從事構作純演繹的科學，那末我們就是要運算於一個符號世界裡。如果我們運算於一個符號世界裡，那末我們所遭遇的問題比較單純。然而，經驗科學，顧名思義，不能不涉及經驗，不能不以經驗爲研究的主題。這麼一來，經驗科學家就不能不對於經驗世界提出若干基本假設作了解經驗世界的出發點。例如，自然齊一律（the law of uniformity of nature）、獨立變化原理（the principle of independent variation）、歸納原則（the principle of induction）等等。粗疏說來，歸納原則告訴我們：對於過去爲眞的陳敘詞對於將來也許亦眞。在實際上，經驗科學家在作歸納推理或蓋然演算時，程序無論怎樣複雜，相關變數無論怎樣多，所本的思維方式不過如此。可是，如果我們追問對於過去爲眞的陳敘詞對於將來何以也許亦眞，有什麼作保證的基礎，那末任何人都無法解答。乞靈於先驗的眞理，不過是乞靈於空虛的語言和強硬的肯定態度而已。但是，空虛的語言和強硬的肯定態度究竟不是經驗知識底基礎。既然如此，於是我們不能不提出這樣的問題：「對於過去爲眞的陳敘詞對於將來也許亦眞」的話，能否印證？能否否證？如果既不能印證又不能否證，那末它與形上學的臆設有什麼基本的不同？

因爲科學的說明與非科學的說明及反科學的說明三者之間有上述無法劃分的情形，所以我們也就無法在這三者之間劃一條幾何學的界線。

以上是就嚴格的理論觀點立論。如果從實效的要求（pragmatic claim）出發，那末我們底看法多少與這一立論不同。如果人底知識必待理論問題一一完滿解決才向前建構，那末，且不說是否有這麼一天，即令眞有這麼一天，人底知識也一定尚滯留在它底「洪荒時代」，「行以知之」。知和行，究竟誰先於誰，這像究竟是蛋生雞還是雞生蛋的問題一樣，除了語意學的釐清可以得到解決之外，是一個類似生命起源這樣有待探究的衍發問題。可是，無論知和行誰在先，在一序列的知行之程序中，行確實能激發知。正因如此，當我們在理論問題尚未得到完滿的解決時，我們還是可以著手研究。雖然，科學的說明與非科學的說明及反科學的說明之間沒有嚴格的界線可以劃分，但是就成果而論，它們之間的不同是很顯著的。科學的說明可以據之造出人造衛星，非科學的說明和反科學的說明則不能。理由安在？X與Y底出發點雖然相同，但是，如果兩者底發展方向不同，那末結果可能不同。依據這一理由，我們還是可以在科學的說明與非科學及反科學的說明之間作一劃分。

第一、字面旋迴（verbal gyration）不是科學的說明。所謂科學的說明，要件之一，是拿A來觀照B。不同字面的名固然可以指謂同一概念或元目（entity）；但是，不同的概念或元目應須拿不同的名來指謂。理想的情況是名與所名一一相當（one-one correspondence）。這樣才不致有歧義發生。所謂字面旋迴是對於同一所名a，我們拿Φ來名謂它又拿Ψ來名謂它。這種辦法，就不合前述科學的說明之界說。但是，在實際上，除了有實際科學工作經驗的人或具有理論訓練的人以外，一般人常不易察覺一個眞正的科學的說明與一個字面旋迴式的說明二者之間的差別。人是用字的動物。有時一個新奇的字或說法雖然不是眞正的說明反比平淡無奇但卻眞實的科學的說明更能引起一般人底興趣甚或信服。在生物世界，「本能」、「生機」、「引得來兮」（entelechy）等等名詞之所以流行，其故在此。但是，這些名詞，對於我們底了解上，能夠有什麼幫助呢？

第二、生氣說（animism）不是科學的說明。生氣說者認爲自然具有各種不同的精氣。宇宙之間充滿了生氣。宇宙是有情的。依照這種想法發展下去，於是「唯情的宇宙觀」、「文化生命」說等等產生。顯然得很，這種想法根本就是一種比附，而且是一種錯誤的比附。可是，這種想法儘管是一種錯誤比附，但因它洽合人底原始心理狀態，「在人心中生了根」，因此自古以來就成爲一種極具勢力的想法，而且影響前科學的思想。我們將宇宙想成是有情的比將宇宙想成是無情的要溫慰得多。可惜，這個宇宙並不是專爲人類而造的，以情意爲出發點來看世界常更不易得到眞相。科學的世界觀說不上有情或無情。化學中的「親和力」（affinity）這一概念，就具有「生氣的意含」（animistic connotation），氫與氧爲什麼化合成水呢？因爲二者有「親和力」。這一答案充其量只能告訴我們在什麼情況之下氫和氧化合成水，可是並不能說明氫只與氧化合成水而不與別的元素化合成水。

二、科學的工作程序

我們要確切明瞭科學知識建構中說明所起的作用，必須首先明瞭經驗科學工作的程序。如所周知，各部門不同的經驗科學之工作程序各有不同的地方。我們不能就這許許多多不同的地方一一列舉。但是，從方法學的眼光看來，各部門不同的經驗科學之工作程序在基本上有共同的地方。我們現在將這在基本上共同的地方用一個圖解表示出來：

在上列圖解中，(1)和(2)的分野，既基本又重要。(1)是屬於語言層界。(2)是屬於非語言層界。聯繫語言層界和非語言層界的爲「座標界說」，經驗科學起於經驗世界底可觀察項，終於經驗世界底可觀察項。但是，作爲起點的可觀察項O是生料，作爲終點的可觀察點O'是熟料。這種熟料O'是O經過認知的製作（cognitive manufacture）之結果。製作之程序常極爲複雜：有的爲製作者所自覺：有的未爲製作者所自覺；有的已經建構化（institutionalized）；有的未經建構化。未自覺的和未經建構化的程序，例如，直觀、透識（insight）、猜度等等。自覺的和已經建構化了的程序，我們叫做認知的製作程序。上列圖解所示的程序就是認知的製作程序。一般說來，由O到O'的製作程序是這樣的：我們在接觸到經驗世界裡的可觀察項之後，馬上藉著歸納方法製作理論或定律或準定律（law-like statements）。如果我們所製作的理論或定律或準定律能夠後斷（postdict）可觀察項，那末這理論或定律或準定律就算是被印證了，因此也就能夠成立。但是，這理論或定律或準定律可更往前推理，對未經觀察的可觀察項作預斷（predict）。如果我們所作預斷成功，那末這理論或定律或準定律便得到更進一步的印證。科學的說明係由後斷與預斷構成的。由此我們可知科學的說明在科學知識的建構上處於何等重要的地位了。

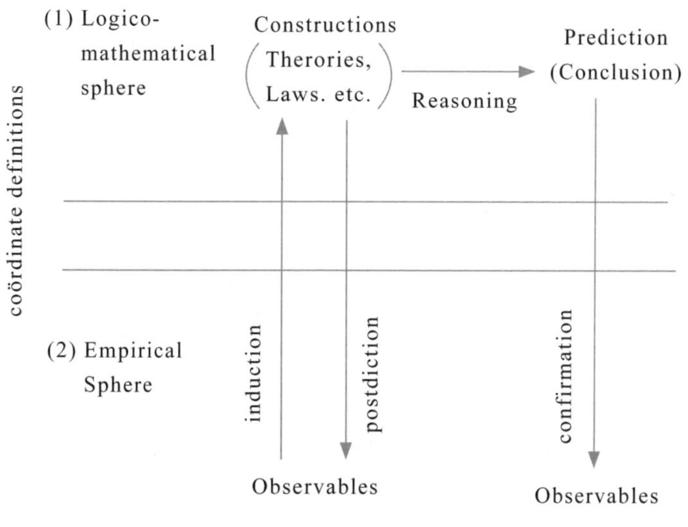

三、科學的說明之基本構造

方法學家通常將科學的說明分做兩種主要的成素：第一種成素是「說明項」（explanans）；第二種成素是「被說明項」（explanadum）。所謂「說明項」，意即吾人引來說明可觀察項的那一類語句。所謂「被說明項」，意即那記述有待說明的可觀察項的語句。記述有待說明的可觀察項之語句是而且只是記述有待說明的可觀察項之語句，而不是有待說明的可觀察項之「本身」。這二者是必須劃清的。說明項可以分做二個次類（subclasses）：㈠包含某些語句S_1、S_2、S_3……Sn−1、Sn的那一次類。這些語句所表示的是些個別的前提條件；㈡代表理論或定律的一組語句L_1、L_2、L_3、……Ln−1、Ln。㈠與㈡在科學的說明裡缺一不可。有㈠而無㈡，則是盲目的，因而科學的說明無由形成。有㈡而無㈠，則是空洞的，因而科學的說明也無由形成。在進行科學的說明時，我們是把㈠「嵌入」（subsume）㈡中。這一程序可以圖示如下：

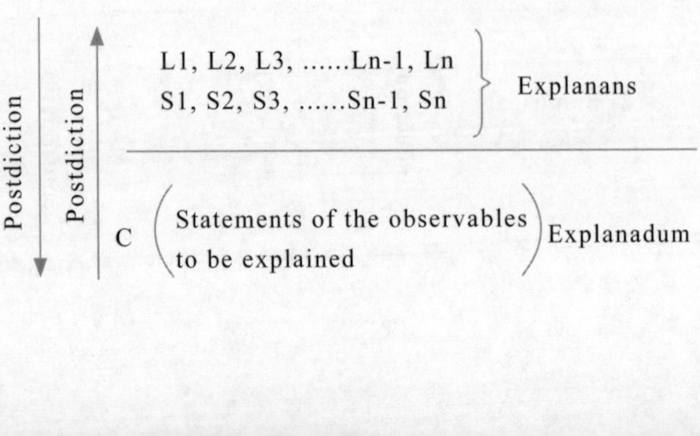

圖中箭頭表示：第一、如果C為已知，那末從已知而求㈠與㈡便是後斷；第二、如果㈠與㈡為已知並據之以推斷C便是預斷；第三、無論是後斷還是預斷，它們底基本構造形式都是一樣的。

後斷與預斷同樣屬於科學的說明，說服力卻有差別。如果一個科學的說明僅有後斷，那末它很難得與非科學的說明判然分明。因此，它底說服力較小。如果一個科學的說明能被據之以作預斷，即能「先說後現」，那末它底說服力就大。勒弗利（Le Verrier）底天文理論，愛因斯坦底相對論，都能「先說後現」，所以極為轟動。

我們在上面對於科學的說明所作的圖示：很容易引起人產生兩種印象：第一種印象以爲科學的說明竟如此簡單；第二種印象以爲科學的說明是嚴格依照演繹方式進行的。在實際上，即令一個簡單的現象之說明也不像上圖所示的那樣簡單，而是所牽涉的理論或定律或特定陳敘詞非常複雜或範圍相當廣泛。這也就是說，科學的說明誠然可依演繹程式進行，可是，在演繹程式中，所需往往甚多，多到幾乎無法一一列舉。在這種情形之下，我們便不能用外顯的演繹程式來進行說明。例如，我們在說明盜竊、暗殺、搶劫、性罪犯……時不曾用演繹型模。但是，我們並未因此而不能說明這些現象。吾人須知，演繹程式之構作只是爲了顯出科學的說明之結構。但是，這並不表示一個眞正的科學的說明非擺出一套演繹形式不可。

四、非物理世界的科學說明

顯然易見，迄今爲止，科學的說明之最有成就的領域爲物理世界。這裡所說的物理世界，係物理學的、化學的，以及天文學所關涉的全部界域。科學的說明之所以在物理世界最有成就，原因有二：㈠在人理方面，科學的說明之及於物理世界，已不受迷信，宗教、傳統、政治等等力量之阻撓或限制，因而得以暢行無阻；㈡相對於認知者而言，物理世界呈現較顯著的單純性（simplicity）、整齊性（regularity），或周期性（periodicity）。而這些顯著的性質是人理世界所難發現的。

然而，這是否涵蓋著，科學的說明只限於物理世界而不適用於生物世界或人理世界？對於這個問題，有「是」和「否」兩種相反的答案。

有許多人，在生機說或其他神祕主義的影響之下，認爲在許多事例中，因果式的說明根本不能適用，在有目的性的事例中尤然。而因果式的說明乃科學的說明之主要的形式，所以科學的說明也就根本不能適用於這些事例。而這些事例是屬於非物理世界的事例，所以科學的說明也就不能適用於非物理世界。例如，生命現象、價值判斷、心靈活動等等。

我們爲著增進對於這一問題的了解起見，現在將這類說法中的某些個加以簡單的考察：

有些人說，包括個人或群體行爲的事件都有一種特具的單一性（uniqueness）和不可復演性（irrepeatability）。因果式的說明是以齊整性和可復演性作基礎的。所以，我們不能對於這類事件作科學的說明。順著這條思路向前延伸，於是迄今尚有若干人士以爲社會科學不能用實驗法，甚至認爲「社會科學」在性質上不可能成爲科學。

這種想法之所以產生，係由於誤解因果式的科學說明之邏輯性質。吾人須知，每個事件，在物理世界與在人理世界一樣，都是單一的，而且是不可復現的。可是，這些性質並無礙於作因果式的說明。因果式的說明所斷說的不外是：任何特定種類的事件出現時具有某些特徵，則具有這些特徵的其他事件也會隨後出現甚或同時出現。在這一關聯中，我們作此說明所需者，不外是具有前項性質的未經觀察的事件之出現，而不是那既已出現的獨特事件之重演。這樣看來，反對對人理事例或生物世界底事例作因果式的說明者所持理由並不能成立。

又有人說，對於人底行爲不可能作科學的推廣。因爲，在一個情境裡，一個個體底行爲反應，並非僅以那一情境爲依據，而且是以他過去的歷史爲依據。

如果說一個人底行爲多少係受他過去的歷史所影響，這種說法爲什麼不能推廣，那末是一件難以思議的事。吾人須知，受過去歷史影響的事態，並不限於人底行爲，在物理世界也有這樣的情形。例如：彈性疲勞（elastic fatigue）、磁力反常（magnetic hysteresis）等等。

再又有人說，含著目的性的行爲一定涉及動機。我們要予以說明的話，不能靠因果律，只能靠目的觀。我們要能說明人底某些行爲，必須明瞭他底動機。

我們現在要問：我們有什麼理由因此就斷言關於人底這類行爲之說明與物理科學中所用的因果式的說明在基本上不同？如其有之，那末，我們似乎只能找到一個，即是：在具有動機的行爲中，對於將來所作的期望影響著當前的決定。而這種因素在物理世界是沒有的。

這是一個似是而非的論據。所謂「對於將來所作的期望」並不在將來，而是當前存在於我們底行爲中，或者說，它根本就是我們底一種行爲，而這種行爲影響或決定著我們底其他行爲。未來的東西永遠不能影響現在；也許現在的東西可能影響未來。影響人底當前的行爲，並非那尚未實現的意圖，而是當前的欲求，和他相信他底行爲會發生所希望的結果這類的信念。這樣看來，決定或影響人底行爲的動機和信仰等等，必須劃分到目的的說明之前項中去：

（⏞…………）⊃————

這樣一來，它與因果式的說明在形式構造上並無分別。

無可否認，吾人藉以說明物理現象的原理原則也可用於別的範圍。例如，在實驗室中動物所作的各種行爲和人所表現的行爲大都可藉行爲科學的理論或定律來說明。例如，學習定律、交替反射定律等等。如果我們說各種行爲不能作科學的說明，那末行爲科學何至於有現在的可觀成就？

顯然得很，科學的說明之施於生物世界或人理世界的成效，迄今爲止，遠不及施於物理世界的成效。但是，這一事實並不足以證明科學的說明之施於生物世界或人理世界時有何先驗的或邏輯的限制。從歷史上觀察，科學的說明固然比較長期地用於物理世界；可是，科學的說明是而且只是一種程序。這一程序，既說不上是物理的，又說不上是非物理的。

——原載《國立臺灣大學文史哲學報》，期九（臺北：一九六〇年一月）

12 經驗科學底基本謂詞

一、引說

現在，有若干人提倡科學，也有不少的人轉彎抹角地反對科學。無論提倡或反對，都得對於科學有個基本的了解才行。這也就是說，在我們提倡科學或反對科學之先，必須了解科學是什麼。科學是什麼呢？這個問題底解答，似乎不像一般人所想像的那末簡易。本文寫作底目的，就是爲這個問題底解答提供一些線索。

我們先從科學底分類說起，然後及於經驗科學底界說。這是接近科學的門樓。

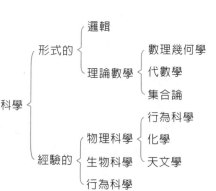

對於任何題材，依據不同的分類原則或標準，我們可作不同的分類。科學也是如此。科學的分類有許多種。我們現在所採取的分類原則在基本上是開納普（R. Carnap）底。開納普所作科學底分類是以科學語句底性質爲原則的。開納普認爲一切科學底語句不外乎下面這兩種：一種是純形式的；另一種則是記述經驗的。依照這一區別，我們對於科學作如後的分類：

- 科學
  - 形式的
    - 邏輯
    - 理論數學
      - 數理幾何學
      - 代數學
      - 集合論
  - 經驗的
    - 物理科學
      - 行為科學
      - 化學
      - 天文學
    - 生物科學
    - 行為科學

對於這個分類表，我們還可作其他的種種觀察：

第一、從謹嚴程度來觀察。如果從謹嚴程度來觀察，形式科學較經驗科學爲高。時至今日，形式科學已可脫離「意義」和「解釋」之羈絆或泥霧，而「自由自在」地組成「天衣無縫」且近於「無懈可擊」的系統。直到目前爲止，經驗科學距離這一地步，除了物理科學較近以外，其他門類底經驗科學距離這個地步還很遙遠。

第二、從建構層次著想。如果從建構層次著想。經驗科學必須以形式科學爲必要條件，而形式科學則不須以經驗科學爲必要條件。由這一情形，我們又可以看出兩點：㈠形式科學對於經驗科學是獨立的；㈡經驗科學對於形式科學是依賴的。顯然得很，如果不拿高等數學中的某個部門作經緯，那末現代物理學便建立不起來。

第三、從含有的因子著想。如果從含有的因子著想，那末形式科學所含有的因子少於經驗科學所含有的。因爲，除了純形式因子以外，形式科學未含有別種因子。而經驗科學除了多少必須含有形式因子以外，還得含有經驗的因子。從這一方面的意義來說，我們可以說形式科學是比較貧瘦的科學；而經驗科學則是內容比較豐富的科學。

我們依照以上所說的，對於科學底分類可以知道一個大概。做完了這步工作以後，我們現在替經驗科學立一個界說在下面：

經驗科學是有組織的經驗知識。

怎樣的知識才是有組織的經驗知識呢？我們在以下就要解答這個問題。

一、有系統的

經驗科學必須有系統。有系統與無系統，乃科學與常識的一個分野，也是科學與科學前期的（pre-scientific）東西的一個分野。常識和科學前期的東西固然有許許多多經不起科學的證驗，但也有若干枝節與科學偶合。常識和科學前期的東西與科學的重要區別之一，乃常識和科學前期的東西，如果也能算是知識的話，只是知識的綠洲：它們是零星的、片斷的或彼此離隔的。既然如此，我們就很難看出它們底這一部分與另一部分是否矛盾，是否獨立，以及是否貫通等等。

就一個比較嚴格的意義說，在這個地球上，有而且只有歐洲是科學的溫床。無疑，美國底科學導源於歐洲。而歐洲底科學則導源於希臘。可是，希臘底科學又是怎樣衍生出來的呢？希臘人承襲了早期巴比倫文明和埃及文明。早期巴比倫人就從事觀察星宿的位置。這給測定時間奠立一個基礎，並且對於天體運動之幾何形式提供了基本的資料。埃及人用以測量土地的方法則成爲歐基理德幾何學底先導。復次，埃及人通曉醫藥和治療術。埃及廟宇上，阿西利斯（Osiris）神像就用一個天秤來秤人底靈魂。這可以證實量的觀念在這個時候已經出現。但是，我們不能說，在這個階段，巴比倫和埃及已經有了科學。爲什麼呢？因爲，這些東西都是科學前期的東西，而不是科學。依此，中國也沒有科學。希臘人將巴比倫和埃及的這些零散的知識和技術組織起來並且理論化，於是慢慢步入科學之途，而第一個正式提供組織知識的觀念和方法的，當推歐基理德（Euclid）。一部歐基理德幾何學，成爲日後系統建構底濫觴。它對於整個人類底科學發展之賜予眞是太大了！

一般人也常說：「我們底思想必須有系統，我們寫文章必須有系統，……」這一要求之所以發生，與我們之喜歡生活在一個有秩序的世界而厭惡紊亂且不可理解的世界似乎頗有關聯。因此，古往今來出現的「偉大哲學體系」，往往有善男信女頂禮膜拜。這些善男信女們認爲，一種說法既成「體系」且「反映整個宇宙及其歷史發展」，當然爲一「絕對的眞理」。科學是最講究系統的。不過，科學的系統與玄學的體系不同，科學的系統不是「整個宇宙及其歷史」底「反映」。科學的系統只是一種語言上的方便（a linguistic expedient）而已。不過，這一方便，有「方便的法門」。研究這一類底方便法門，在最近若干年已成一專門的事業。我們現在只能對於這一類底方便法門裡最關緊要的來一個輕描淡寫（adumbration）。

第一、在一個系統裡，我們對於題材之安排，是由原基部分而及於推出部分。由原基部分到推出部分，係層層節制，內部「脈絡貫通」，如果原基部分稍有改變，那末一定影響整個推出部分。這種光景，有如「牽一髮而動全身」。

第二、在同一個系統裡，如果這個系統底原基部分是經過解釋了的，那末所有題材都是用陳敘詞S_1、S_2、S_3、……負荷著的。在這個系統裡，不許既推演出S_1又推演出S_2底反面。如果有這樣的情形被檢查出來，那末足證這個系統含有矛盾。含有矛盾的系統是「要不得的」系統。要不得的系統必須淘汰掉，而另換一個「要得的」系統；至少也得予以修正。這是「形式邏輯」對於「經驗的陳敘」之有所約束的地方。但是，這一點也不涵蘊「形式邏輯」對於經驗底發展有何約束。

一談到系統，時下有不少人士就喜歡侈談「完備的系統」。完備的系統倒是有的，可惜這樣的系統是不一致的系統。我們構作不出既一致而又完備的系統。一個系統底這兩種性質在一個系統裡是「二者不可得兼的」。所謂「完備的系統」，即在任何表式都可以從它底設準部分推演出來。這也就是說，S可以從它推演出來，S底反面也可以從它推演出來。以「正」、「反」、「合」作發展法則的黑格爾「系統」，就是這麼樣的一個「系統」。在這麼樣的一個「系統」裡，語言方面所設的「眞」、「假」、「對」、「錯」的分別將完全消失。只要抓緊了「三」項式，這種「系統」底建構者愛怎麼的說，將無往而不利。在這無往而不利的思想奔馳情況裡，玄學之徒的確得到自娛的快感。可惜，有一點是作者所懷疑的：構作這樣的「系統」與未構作這樣的「系統」，分別在那裡？

一切糊塗蟲都從廢話裡攝取食物。

作者深信，今後只要有健全的語言教育，廢話將無人繼續製造，廢話將得不到市場，因而學生們無需再受學習廢話的苦刑了。

三、簡單

從邏輯的觀點看，這一謂詞可以放在前一節裡去，可是因著種種理由，我們還是把這一謂詞別立門戶，而將它視作基本的。

我們大都知道，科學裡的定律、原理、原則，是以簡單爲其特徵的。在定律、原理、原則、理論底下層，有或可能有許許多多觀察陳述詞（observation statements）。這裡所說的觀察陳述詞，可能是屬於現象論的語言，但吾人希望它更屬於物理論的語言。（見後面較易了解）。在一般情形之下，這些觀察陳述詞的數量大得驚人。相對於這些觀察陳述詞而言，建立於其上的定律、原理、原則、理論，只是寥寥可數的少許幾條而已。在這一對比之下，簡單這一概念就出現。

這種簡單概念只是簡單概念底一種。它是構造與觀察陳述詞對比時產生出來的。作者把它叫做「括約的簡單概念」，除此之外，對於同一題材，如果出現兩個說明E_1E_2，而比照之下，E_1底構造簡單但E_2底構造複雜，那末我們就說E_1比E_2簡單。這種簡單有而且只有當兩個與或（and/or）兩個以上的構造比較時才產生。我們把這種簡單概念叫做「相對的簡單概念」。

顯然得很，經驗科學不能離開記述層面。但是，同樣的顯然，僅僅有記述層面，不能成爲科學。記述，只是科學工作底初步。如果科學就是一堆「事實報告」，而毫無較記述高一個或若干個層次的建構站立於「事實報告」之上，那末，所謂科學也者，不過一堆「死材料」而已。這樣的一堆死材料，沒有推廣作用，也沒有預斷作用。這個樣子的「科學」，既無助於我們了解宇宙，又無助於實用。幸喜經驗科學並不是這樣的東西。經驗科學底重要目標，是「製作」普遍的定律來涵蓋經驗事件底行爲，並且因此把我們零散的知識聯繫起來，並進而推廣或作預斷，經驗科學裡的定律，係以最少可能的語言來括約最多可能的觀察報告同時又作最大可能的推廣。所以，經驗科學的定律一經建立起來，我們便收到「思想經濟」之效。

從科學史觀察，我們不難發現「簡單」（simplicity）是科學家追求的目標之一。

我們知道，在天文學史上，托勒美（Ptolemy, 127-151）底理論和哥白尼（Copernicus, 1473-1543）底理論幾乎是勢均力敵的。二者之建立都是爲了說明天文學上已有的基料。依照托勒美底說法，地球乃宇宙底中心，而天體在各自底軌道上圍繞地球而行。這種理論叫做「地球中心論」（geo-centric theory）。托勒美底這種說法是可以檢證的，並且與已有的天文學的知識相容。可是，哥白尼底說法與托勒美這種說法有所不同。哥白尼把太陽升了格，從地球底僕從地位請到地球底主人翁地位，放在宇宙底中心。當然，這一大「革命」，不是僧侶們所能容忍的。他把太陽底地位作這種改變以後，認爲我們這個地球，正像別的行星一樣，係繞日而行的。哥白尼底這個說法也是可以檢證的，並且也與已有的天文學知識相容。這也就是說，這二個不同的理論之說明力（explanatory power）和預斷力（predictive power）勢均力敵。但是，除此以外，二者卻有一點重要的地方頗不相同。雖然，二者都是拿笨拙的環周小圈的方式來說明諸天體底位置，不過，依托勒美底地球中心說，他要說明天文資料則所需環周小圈多到八十三個之多。要天文學家們像印度貴婦似地戴上這麼許多小圓圈，他們「精神上」實不勝其累苦。可是，依哥白尼太陽中心論，天文學家只需十七個小圓圈即足以說明天文資料。兩相比較，哥白尼底理論比托勒美底理論簡單多了，就憑著這一點，哥白尼底理論取代了托勒美底理論。在生物學裡，特創論之被演化論所取代的原因之一，也是一樣的。

四、定量

一般人談到科學的時候，往往有一個常識的了解，即是「科學貴在求精確」。可是，科學底概念、語言、演算，怎樣才能「精確」呢？這只有求之於數量。

科學底歷史給我們許許多多實例來證明，嚴格的定量概念之形成，常使科學獲致重大的進步。斜面上球體滾落時間之測量、人口統計、化合物底重量，巴甫洛夫（Pavlov）做交替反應試驗時被試驗的動物唾液分泌量之多少，種種等等，都可求出定量來。十九世紀英國的一位物理學家克爾文爵士（Lord Kelvin, 1824-1907）說：「我常常說當著你能夠度量你所說的，並且用數字表示出來，你就是知道你所說的了；但是，當著你不能用數字表示出來的時候，那末你的知識是薄弱的和不適當的。這樣的知識，可能是知識底起始。然而，（如果你底知識是停留在這個階段），那末，無論你所研究的是什麼，都不能進步到科學的階段。」

顯然得很，克爾文底這種說法，相對於經驗科學底現況以及人類探求經驗知識的能力和技術水準而言，似乎過分狹窄和苛求。復次，單純從這一條路來探求經驗知識，在事實上而不是在理論上，頗易令人忽視心靈創造之多樣性及其在建構前期的能力。不僅如此，克爾文所要求的，即令對於現代物理學而言也嫌過於苛刻。如果我們要求在一切情形之下「電子」、「原子」、「質子」，這些概念可以測量，那末在技術上是辦不到的。海森伯（Heisenberg）的「不定原則」（principle of indeterminacy）之最大的旨要（significance），就是在這方面作這種提示。

不過，由克爾文之言，我們可知定量概念在經驗科學裡的重要性，而盡力朝著這個方向走。

五、運作的

人底知識世界底形成可以分別爲不易清楚界劃的二種程序：第一種程序，我們叫做「任便的形成」（spontaneous formation）。第二種程序，我們叫做「精謹的形成」（elaborate formation）。常識底構成主要地是靠任便的形成程序。我們不難設想，一個老農夫底知識世界，除了有關農事以外，就是自幼至長，從傳說、風俗、習慣、想像那裡得來的東西，未經意地隨便堆在頭腦裡形成的。他沒有興趣、能力，以及十分的必要，來組織並印證他頭腦裡裝的那些東西。其實，不限於老農，一般人底知識世界大致也是這個樣子形成的。人本來就是這麼一種動物嘛！人比猴子高明了這許多，我們應該感謝偉大的造物主宰了。我們何必多所苛求？科學的形成，則是靠的第二種程序。所以，科學的知識，無論如何，比較可靠。概念底形成也是這樣的。

如果你問問沒有「反思訓練」和習慣的街上人：「你底概念，或與概念相聯的觀念，是怎樣形成的？」他極其蓋然地會回答道：「多麼傻的問題（What a foolish question）！我根本不懂這一套。」他甚至不願意花一秒鐘的時間在了解這樣的問題上。我們覺得他著實粗樸得可愛。因爲，不了解這種問題的人，照樣長得很胖。他底生命裡並未因此而缺乏一點維他命。

如果你問問一位傳統哲學家：「你底概念，或與概念相聯的觀念，是怎樣形成的？」這樣的人，自覺地或未自覺地，認爲有迥異常人的秉賦和「體悟」能力，超越眾黎的智慧，以及振拔萬民精神的神聖職責。他極其蓋然地會回答說：「我底概念是來自內在觀念」；或者「我底概念係衍自先天範疇」；或者「我底概念是從直覺、透識裡湧現出來的。」在聽完這些高論以後，如果你怕被人奚落，說你底「慧根」不夠，那末你會說你領悟了。可惜，這樣的領悟，只是社交場合的產品。對於這類高論，我們寧願表示兩點看法：㈠它是私的，而不是公的。所以，它離開眞正的解答遙遠得很；㈡我們簡直無法探悉這樣的解答會導致什麼知識效應。

自愛因斯坦相對論出現，經過布利基曼（P. Bridgman）的型製，關於概念怎樣形成這個問題，可以提出具體的答案。這種答案，可以從兩方面來考察。㈠從積極方面來考察。從這一方面來考察，我們底概念之形成，必須與運作相應或以運作爲基礎；㈡從消極方面來考察。從這一方面來考察，我們底概念如果在運作的眞空中形成，那末便是空虛的。這樣的概念，在科學或嚴格的知識領域裡派不上用場。

這樣的考察，我們把它叫做「運作論」（operationism）。運作論強調並且標出，如果科學的概念要在科學的研究中有意義，那末必須滿足一些什麼要求。科學的記述、說明、理論、定律、原理之中包含著種種概念。我們對於這些概念提出批評或考察，亦即對於由這些概念構成的記述、說明、理論、定律、原理提出批評或考察。我們作這一番批評或考察時所依據的標準，是由運作論定立的。科學的研究，在實質上是認知的努力。依此，對於任何一種認知的努力，我們都可以提出下列兩個問題：第一、我們所用的字或記號是什麼意義？第二、我們怎樣知道我們所說的爲眞？一詢及「怎樣知道」，勢必牽連到運作的程序。

運作論係經驗科學研究的程序與人對它思維的程序相倚和反思之結果。運作論並不在所論科學（object-science）底範圍裡，而是在後設科學（meta-science）底範圍裡。它底題材不是經驗科學所研究或所要研究的任何事物；是經驗科學的概念由之而建立起來的經驗或可經驗的「程序」。因此，運作論所特別關切的問題是由這兩種要求所產生的：㈠藉著消除科學前期的，非科學的，以及反科學的因子而淨化科學方法；㈡比較清楚地了解現代科學理論中高度複雜的概念和抽離的建構之意義。諸如此類底工作，當著我們要嚴格考察方在建立中的科學理論時，是極有幫助的。簡括地說，運作的解析是幫我們決定，在科學理論中所用的名詞，如照它底用法用下去的話，是否有事實的指謂。

經驗科學的概念不能像斷了線的風箏，冷然善哉地隨便在空中飛舞。經驗科學的概念必須盡可能地有「運作的界說」（operational definition）。運作的界說有廣義的和狹義的二種。狹義的是原創型。廣義的是推廣型。就狹義的意義來說，運作的界說是可度量的性質之界說。這一界說還得列舉那度量可度量的性質之方法。就廣義的意義來說，運作的界說是決定被界定端可否應用於某一情況的界說。照運作論的觀點來看，任何概念底運作界說與運作於這一概念的程序不能分離。所謂「概念」是什麼，布利基曼說：「……一般而論，我們所說的任何概念，並非別的東西，只是一組運作而已；概念和與之相當的一組運作係同義語。」概念的意義不藉「觀念」來界定，而只藉我們由包含這一概念的陳述詞推論出來的可觀察的結果來界定。這麼一來，我們藉著運作界說，可以有把握地將一個理論中的抽象名詞與可觀察項聯繫起來。

運作論的這種想法，係導源於愛因斯坦底理論。愛因斯坦底理論係起於對時間觀念之再考慮。當著我們說，兩個事件在同一時間發生，每個人都知道我們所說的是什麼意義。在愛因斯坦以前，似乎沒有人懷疑過「同時發生」底意義。可是，愛因斯坦則不然。愛因斯坦指出，諸如此類的話往往是沒有意義的。如果有人說他把他自己底兩手同時舉起，那末他所說的這句話有充分確定的意義。但是，如果我們考慮兩件遠隔的事件之產生，那末二者是否同時發生，在兩個地點的人可能不同意。二人雖然不同意，卻可以都是對的。這一點的確頗令人迷惘。為了解除這一迷惘，我們可以藉著一樁事件來說明。假定正當我們抵達家門時教堂的鐘聲響一下。我們能否說這兩個事件係同時發生的呢？如果我們不假思索的話，那末我們也許會說是的。但是，當我們這樣說的時候，我們不要忘記，聲音之傳播是需要時間的。因此，我們所聽到的鐘聲，也許就是幾秒鐘以前敲的。於是，我們「現在」所聽到的鐘聲，在教堂底僧侶看來已經是「過去」的鐘聲。一為「過去」，一為「現在」，所以並不「同時」。但是，這二者都是眞的。

由此我們可以瞭然，「同時」與否這個問題之所以發生令人困惑的情形，係因聲音之傳播需要時間。照愛因斯坦底解析結果，二個事件之發生，在觀察者某甲看來可以是「同時的」，而在觀察者某乙看來可以不是同時的。自古以來，物理學家和街上的人，都以為有一個絕對的時間。經愛因斯坦底解析，我們可知所謂獨立於測量程序的絕對時間，只是幻想的結果。這樣的時間在實際上是不可思議的東西。而牛頓（Newton）底時間概念是這種時間概念底代表。牛頓說：「絕對的，眞實的，和數學的時間，在它自身，以及就它自己底性質來說，是均勻地流著（flows equably），並且與外界的任何事物無關。這樣的時間，用另一個名字來說，就是叫做經歷。」所謂時間「與外界的任何事物無關」，意即也與我們手上戴的錶之針底旋轉運動「無關」。這麼一來，時間變成不可度量的東西。從現代實驗科學家底眼光看來，這個樣子的時間概念是沒有「運作意義」（operational meaning）的。沒有運作意義的概念，像無根的浮萍，又像斷了線的風箏，我們找不到它在運作程序上與理論建構的聯繫。至少在經驗科學裡這類底概念是毫無用處的。

我們剛才談到手錶。我們通常拿手錶作計時器，我們大家遵守時間。因此我們認爲時間係一客觀的概念。可是，稍一推究，我們就可知道時間底這種客觀性只是實用上的，而不是理論上的。我們必須明瞭，一隻鐘錶藉以表示時間的是錶面所刻秒、分與點。錶針經過空間的這些間隔而移動，我們藉以知悉時間之長短。可是，這些空間的間隔並非上帝所加於整個宇宙的一個絕對量。地球上的人兒所用的時針是配合著太陽系的。我們所謂的一點鐘實際上是地球一天自轉的十五度的弧度之度量。我們所謂的一年實際上是地球在它底軌道上於太空圍繞太陽運行一周。可是，我們如果不是托勒美（Ptolemy）底信徒，那末我們不要忘記這只是地球上的時間概念。在別的星球上的時間概念可不一定是這樣的。例如，假若水星上也有所謂「人」這種動物的話，那末他們的時間概念就與我們人底不相同。水星繞日一周只需地球上的八十八天。而且正在好這段時間以內水星自轉一周。所以，就水星上的「人」而言，一年和一天是一件事。當然，如果水星上的「人」也是講究過年的話，那末他們天天過年未嘗不是一件快樂的事。但是，如果我們地球上的科學家們要妄自尊大，按照那以「地球爲宇宙底中心」的道統來辦事，把地球上的時間概念向鄰近的行星作文化輸出，但又不能同時派遣遠征部隊來威力護送這樣的文化貨色時，鄰近行星上的「人」也許會發揮「言論自由」，說地球上來的時間概念這個貨色對於他們是「沒有意義」的。相對論告訴我們，如果離開了指涉系統（system of reference），那末便沒有所謂固定的時間間隔這樣的東西。因此，如果撇開了指涉系統不談的話，那末也就無所謂「同時」，也無所謂「過去」、「現在」和「未來」。

我「現在」，晚上八點鐘，在東半球寫文章。我可以說，「現在」在西半球正是白天。如果我「現在」

打長途電話給美國艾森豪談天氣，那末我可以說他和我「同時」通話。我之所以能夠這樣說，那是因爲我和艾森豪同爲這一個地球上的住民。倣照「同學」，「同鄉」的說法，我可以說我和艾森豪「同球」。既爲同球，我們底鐘錶都向同一天文系統對準，所以可說我們「同時」通話，可是，如果我們打算探察亞克斯特（Arcturus）星上「此時」正在發生什麼事端，是否有國王結婚、是否有原子戰爭、是否也鬧著什麼「革命」……那末問題可就複雜多了。亞克斯特是距離地球遙遠的一個星。多遠呢？光每秒鐘底速度是一十八萬六千三百英里。光以這種速度在空中進行一年的距離，天文學家叫做一「光年」。這種速度之大，眞是連阿奇力士（Achilles）也望塵莫及！如果我們用無線電和亞克斯特上的「人」打交道，那末打無線電去需時三十八年，彼端回電也需時三十八年。這也就是說，地球上的人要與亞克斯特上的人通一次無線電訊，需時七十六年。「人生七十古來稀」。一個短命鬼只能打出電報，等不到回報已經命歸黃泉了。就算一個人長壽，他從童年發出電訊，等到他收到回電時，他的年齡與愛因斯坦死時的年齡正好相等！我們「現在」於一九六〇年所看見的亞克斯特，究其實際，不過是一九二二年前由亞克斯特射來的光投射到我們視神經上所造成的影像而已。如果「現在」亞克斯特消滅了，那末我們地球上的人要到一九九八年才曉得哩！

由這裡所說的例子，可以看出我們平常所說的「同時」等類概念是經不起推敲的。一經推敲，我們就可知道這類概念之形成與測量等等運作程序是怎樣不可分。推廣地說，經驗科學的概念之形成，都與運作程序不可分。運作程序乃經驗科學概念形成之堅實的條件。而這類條件之滿足，乃經驗科學之印證性底一個有力的支柱。關於經驗科學之印證性，我們要在以後討論。

六、抽離的

科學，包括經驗科學在內，起於抽離作用。我們簡直可以說，沒有抽離作用就沒有科學。

我們常常聽到人說「科學是研究事實的。」即令這話不錯，研究事實的科學它自己不是一個事實。如果研究事實的科學是一個事實，那末研究事實的科學這一個事實與被它研究的事實既不屬於同一類型又不在同一平層。爲了避免語意的混亂，所以我們還是不說科學是一個「事實」的好。

從心理學的觀點看，抽離作用是「一種學習程序。藉著這種程序，一個人學著撇開許多事物底某些性質，而只反應這些事物共同具有的某些性質。而概念係由這種程序形成的。」所謂概念是什麼呢？所謂概念無非是「一類事物之名稱或一類事物共同具有的某種性質之名稱。」例如，「飛鳥」，無論在空中振翼而飛的什麼鳥都可以叫做「飛鳥」。至於牠是否令中國人歡迎的喜鵲，還是令中國人討厭的烏鴉，我們一概不管，也用不著管。在學習過程中，我們能夠學著對於事物作不同次數的反應時給予每次反應相同的命名，而且我們能夠分辨同一事物有不同的性質，並且知道不同事物之相同的性質，這就是在行抽離作用。

粗疏說來，抽離作用有藉級次（stage）而劃分的三個種類：第一是知覺的（perceptual）。這一種抽離作用是初級（elementary）。初級的抽離作用是自發的（spontaneous），亦即未經訓練即會的。例如，我們對於異色、異量、不同大小，而同型的幾何圖形之認識便是。如果我們見過紐約帝國大廈，我們再在博物展覽會中看到帝國大廈底模型，那末我們立刻可以認識這是帝國大廈。反過來說，我們在電影銀幕上看到金字塔，如果有一天我們倒退到紀元前四七五〇年在埃及看到金字塔底本身，那末我們可以不假思索地認出它們，第二種抽離作用是概念的（conceptual）。概念的抽離作用界乎第一種抽離作用和即將提到的第三種抽離作用之間。在科學知識底建構方面，它極關重要。它是由非形式的元目（non-formal entity）到形式的構造（formal construct）之一橋樑。也因有了這一橋樑，類、關係、命辭（不是語句）、物理論的語言（物理論的語言不必即是物理學的語言，切不可以二者「差不多」而胡謅瞎扯）、幾何形造，……才能出現。第三種抽離作用是符號的抽離作用（symbolic abstraction）。符號的抽離作用是抽離作用之最純淨而成熟的階段。它底最佳顯示（manifestation）是與邏輯聯床而臥的純數學，以及與純數學結不解之緣的邏輯。現代邏輯家和語構學家所講求的形式化（formalization）則爲抽離之極致。

抽離作用，不是很簡單的活動。它可被分做下列各端。

第一、減瘦（attenuation）

犯了斐格教授（Professor H. Feigl）所說「拉扯謬誤」（seductive fallacy）的玄學家，如黑格爾之徒，喜歡增肥，而科學家則無疑喜歡減瘦。理由之一，科學家不以「求大全」、「握總體」……，這些狂談爲目標，減瘦的方法是抽離。減瘦，並不等於削割。關於這一分別，我們看了下列的闡釋即可明瞭。

設有一非空類C，它底性質之總數爲n。（此處n不等於零，可大於2）。我們對之行抽離時，它底性質之總數至少須減爲$n-1$；而不能爲$n=n$，那末即爲未施抽離。如未施抽離而我們說已施抽離，那末便構成矛盾。換句話說，我們對C底n行抽離一次，不能窮盡亦不必窮盡它底一切性質。這就是我們所說的「減瘦」底意義。

第二、求同

抽離作用之最顯著的特徵就是求同。求同，涵蘊選擇。選擇又有未著意的（unintentional）及著意的（intentional）二種。著意的選擇，可因選擇時所立選擇標準之不同而不同。這種情形完全可以圖解出來。設有一堆未經選擇的特點或性質。我們可依我們認爲對我們都有用的或我們以爲都是同質的（homogeneous）性質挑選出來，而刷掉我們認爲對我們無用的或我們以爲是異質的（heterogeneous）性質。語意的類概念，幾何學理的congruence，……都是由求同所衍生的。求同也是組織知識的基本方式之一。在古代宗教追害中劃分「正統」和「異端」，希特勒們之劃分「敵」與「友」，……，想來也是依這一方式進行的。

第三、去異

求同底反面是去異。求同必須認知地假定去異。去異與求同是互相補償的（complementary）。一般的說法「有抽象就有捨象」正是這個意思。

第四、分線（lining）

抽離作用底模態之一爲作分線發展。設一個五歲的小朋友有一架紅色的玩具飛機。他能未經意地作分線的抽離：如果他底小朋友有一架綠色的玩具飛機，那末他會說「你的飛機是綠的；我底是紅的。」如果他底朋友有一輛玩具坦克，那末，無論這坦克是什麼顏色，他會說「你底玩具是坦克車，我底是飛機。」前者係從「顏色」這一條線發展；後者係從「玩具」這一條線發展。在一般情形之下，所講某甲「思想清楚」，重要條件之一，就是他底思想能作分線發展而不紊亂。我們底思想作分線發展，表現在語言上，就是「單線語言」（one way language）。嚴格科學底語言，例如數學語言，物理科學底陳述詞，都屬單線語言。

一切嚴格的討論，有而且只有在一個單線語言中才能進行。這樣才能「有條不紊」，才能得到可否解決的確定結果。這種情形，在某種意義之下，與快車走快車道，慢車走慢車道，各不相擾，殆有相似之處。如果快車開進慢車道。警伯一眼就可瞥見：「嚇！你犯了交通規則，請你繳罰金。」沒有或缺乏科學訓練的人談話或爲文時，因受種種心理因素底干擾而紊亂線路，就不像這樣容易看出。例如，你跟一個中國人說「某甲底辦事能力很差」，你最常碰到的接話是「他爲人很好」。這樣的接話，可說牛頭不對馬嘴。這類底談話或文字，如果再加上「文化意識」、「歷史存在」、「具體的普遍」（concrete universal），等等皇大名詞的掩護，那末更因使人目眩神搖而不易看出，甚至不敢看出。其實，這種線條不分的思想，不過是「一鍋粥」似的東西而已。

第五、層建的

抽離可能只有一個層次，但是不必然只有一個層次。抽離可以止於一個層次，也可能有許多層次。這與房屋的建築情形有相似之處：中國西北原野底屋子常常只有一層，而美國底屋子常常有幾十層。在科學中，抽離的建構常為理論。科學理論建構底層次之多少，常視科學之成熟底程度之高低而定。未成熟的科學之抽離程度低，往往只有一二次抽離。成熟的科學之抽離程度高，往往作或可作三四次以上的抽離。我們現在拿物理學作例子來說明。在第一層次之上的，有刻卜勒定律（Kepler's laws），有落體定律，有潮汐定律，有光的運動定律。蓋乎前三者之上的，有牛頓定律。牛頓定律乃較這三者高一層次的抽離結果。蓋乎牛頓定律之上以及光的運動定律之上的有相對論。與相對論平列的，有量子論，二者又是更上一層樓的抽離。愛因斯坦想在這二者之上作一「統一場理論」（Theory of unified field）。但沒有成功，如果成了功，那末便是物理學中最高的抽離。

開納普教授說：「科學史裡充滿了抽離作用底用處和巨大果實的例子。最顯著的例子之一是幾何學。幾何學是由抽象動作產生的：當古人構作幾何學時，他們底注意力是集中於空間性質和物體之間的種種關係，而在這種時候，其他一切性質，例如：顏色、質料、重量等等，一概撇開不問。當時的數學家在行這種抽離以後，更大膽地前進一步，他們撇開具體事物底世界，不管具體事物底那些可以直接觀察的性質是些什麼。而研究那些包含著種種建構的圖式：這麼一來，幾何學就形變而成有關某些空間形勢的理論。於是，空間形勢底性質完全精確地決定了。這種幾何學不復談論木球或鐵球，而只討論球面，只談論完全的球面。我們平常接觸的木球或鐵球只是大致不差地接近這種幾何學的球面而已。幾何學又談論無限直線。若干有限的線段充其量不過是大致不差地被某些線繩或物體底邊所表徵著。這兩步抽離作用在古代即已行之。以後的抽離步驟，在與此同一的方向，走得更遠。這些步驟，是把幾何學形變而成某些組的實數之理論（笛卡兒Descartes）；形變而成一個形式的設理系統（希伯特Hilbert）；最後又形變而爲關係邏輯底一個特殊部門（羅素）。在我們目前的討論裡的重要之點，乃頭兩步抽象作用之結果。時至今日，我們已可明白，二千多年來幾何學之輝煌的發展，如果沒有那些抽離作用，便是不可能的；而且，如果沒有幾何學底發展，那末物理學底發展也不可能。結果，不僅從數學家底眼光看，而且從物理學家底眼光看，幾何學裡的抽離作用是極其有用的，而且在實際上是必不可少的。雖然我們研究的目標不是抽離的空間形勢，而是具體事物之可觀察的空間性質，可是抽象的幾何學對於這種研究提供我們以最有效的方法。這種方法較之直接討究可觀察的空間性質的任何方法要有效得多。除此以外，尚有許許多多別的抽離方法和圖式化（schematization）底方法。這些方法在物理學中卓著成效。這種情形可以表明，如果我們要獲得關於我們底環境的事物及事件之知識，來幫助我們在日常生活中作種種決定，我們首先得藉抽離作用將這些日常事物撇開，然後得到一個抽離的間架。這種比較費事的方法。在一長遠的過程中，較比直接黏滯於事物及其可觀察的性質，要好一些。（參看R. Carnap: *Logical foundations of Probability*, IV, 45, D.）抽離作用對於科學的重要，開納普所說的可謂夠透徹了。

也許有些人會說：「這樣對於實在加以抽離，簡直是一種割裂，弄到支離破碎，失宇宙人生之總全；而且經此一抽，許多重要的內涵給抽掉了。」

這種說法，適足以暴露思想之泥糊。思想泥糊者永遠不能接近知識，因此也就不能接近科學。

對於這類問題，開納普教授老早照顧到了。他說：「有些哲學家說，抽離作用產生了邏輯，同樣也產生了定量物理學。這麼一來，關於這個實在世界的某些特點，例如『眞正的性質』，沒有把握著。我不同意這種看法。」他接著說：「關於這一點，我們作一個比譬就可明白。假定我們畫一個圓。這個圓佔有界劃中的範圍。我們要在圓內畫若干四邊形來佔其中若干面積，但這些四邊形並不重疊。我們要辦到這一點，可以用許多不同的方法；但是，無論我們用那一種方法，而且無論我們將有限的程序用多少次，我們總不能佔盡圓內所有的面積。（任意多邊形可逼近於圓，但不等於圓——作者）然而，如果我們依照與剛才所舉哲學觀點相似的觀點來說，說我們因此一點也未蓋覆著圓內的面積。那末是不對的。恰恰相反，對於每一個點，而且甚至對於每一有限的點，都有一組有限的四邊形與之相符，關於抽離，情形正相似。在邏輯系統裡，換句話說，在具有精確語構和語意規律的任何語言系統底任何建構裡，有些東西是犧牲了，即沒有把握著，因爲我們行了抽離作用或圖式化。然而，如果我們因此說一個語言系統什麼也沒有把握著，那末是不對的。對於這個世界裡的任何單獨事實，我們可以構造一個語言系統。這個語言系統雖然沒有包羅別的東西，但它卻可表徵這個事實。」顯然得很，如果我們排斥抽離作用的話，那末正如開納普所說，我們將「失去科學之最有效果的一些方法」。（同書）

七、普遍性

一個一個的東西不是科學。一件一件的「事實」也不是科學。這些只是科學賴以建立的素材。

除了是抽離的以外，科學底一大特徵就是有普遍性。科學底定律、原理、理論，並非對於某一個特殊的東西或事件而言的。科學底定律、原理、理論之有效級距（range）是延伸或擴張及於一個範圍以內的一切可能例子的。追求普遍性（generality），乃科學創造的一個巨大而至足令人興奮的推動力。

普遍性之追求，乃「觀念的冒險」（借用懷海德語）。科學藉以追求普遍性的程序是以歸納所得爲出發點推廣作用（generalization）。我們從一類中已經觀察過了的事例有什麼性質，或有什麼行爲，或有什麼效應，而蓋然地推論該一類中尚未觀察的事例也有什麼性質，或有什麼行爲或有什麼效應。這樣的一種推論方式叫做推廣。一談推廣，就有多少含有冒險的成分。所以，我們借用懷海德底口氣說推廣是「觀念的冒險」。

從形式的構造方面著想，普遍的建構和抽離的建構是互相涵蘊的。抽離的建構有級距的大小和層次底高低。同樣，普遍的建構也有級距的大小和層次底高低。在經驗科學中，普遍範圍較大的原理或定律常含容著普遍範圍較小的原理或定律。當然，這是從一邏輯觀點出發所作的解析。從一邏輯觀點出發作這種解析，並不涵蘊在歷史上先有範圍較大的原理或定律出現，然後再有範圍較小的原理或定律出現。事實衍發底程序似乎常常與此相反：在科學史上，往往是先有一些「各自爲政」的範圍較小的原理或定律（泰理士之流所說的那些大話毫無用處）。後來有科學家貫通了這些範圍較小的原理或定律，逐漸建構範圍較大的原理或定律。

伽利略對於地面的若干物理現象作細心的觀察，並且把幾何學的推理方式應用於所搜集的這類資料，於是制定了落體定律。這些定律對於地球表面的落體行爲作著普遍的記述。約在他底同時，德國天文學家刻卜勒（Kepler, 1571-1630），主要以布拉呃（Tycho Brahe）所收集的天文學資料爲根據，制定了行星運動定律。這些定律對於行星繞日而行的橢圓軌道作著頗爲精確的記述。這二位科學家算是在各自研究的範圍裡將不同的現象統一起來。不過，他們所包羅的是局部的，還不夠普遍。牛頓出來，他藉著引力理論和運動三律，將刻卜勒底天體力學及伽利略底地面力學統攝起來。牛頓底物理學較之二者有著更大的普遍範圍，所以能夠統攝二者，而把二者作爲它底推出結論。可是，「長江後浪推前浪」，愛因斯坦出，他底理論不僅可以應用於大域世界（macroscopic world），而且也可以應用於微域世界（microscopic world）。它較前者更爲普遍。所以，愛因斯坦物理學包含了牛頓物理學之可保留的部分。在科學中，愈是普遍底原理或定律愈顯得「根本」（根本乃一建構概念）。所以，在科學史中，一門科學底原理或定律成功地推廣一次，便為該門科學帶來一個新的階段，從亞理士多德直至愛因斯坦的物理學發展過程，可以把這種情形例示得很明白。

可是，說到這裡，有一點我們必須提醒大家：科學的普遍和玄學的「整個宇宙」之說是不同的。科學有一個運作的帶子把它和可觀察項相聯；甚至有一個符號架構做的托子來托著它。因而它有認知的意義（cognitive meaning）。玄學的「整個宇宙」之說是想像底產品，或再加上文學式的語言遊戲之和。我們找不出任何運作的帶子把它與經驗世界相連繫；也找不到符號的架構來限制它。所以，它沒有任何認知的意義可言。

八、與事實相符

我們常常聽到人說，科學必須與事實底眞相符合。乍聽起來，這話很不成問題。但是，稍一反思，我們立刻可以知道，這話很容易說。也很容易得到粗樸心靈（naive mind）的承認，可是卻很不容易拿出理由來作支持（justification）。

科學不是事實，如果科學即是事實，那末用不著花那末大的功夫去研究。讓事實擺在那裡好了。既然如此，科學怎樣與事實「相符」呢？

所謂科學，不從它的「胚樸」（type）而從它底「托空」（token）方面來觀察，除了是一些儀器設備以外，無非是一些陳述詞、方程式、演算符誌等等而已。這些玩意，無一不是人底創造；或者，為了使喜歡某種特別語言的人士舒服一點，我們也可以說，所謂「科學」的這些玩意，都是「心靈底創造」（creation of mind）。這些玩意，怎樣「與事實相符」呢？

我們總不能說，科學之與事實相符，正像照相機之攝拍景物人像一樣。果然如此，照相師一定聞之大樂；而科學家聞之一定大愁。因爲，照相師將取代科學家底工作，生意興隆；科學家則會人人失業。即令我們能說「照相與眞相相符」，也只是馬馬虎虎相符而已。君不見！許多毫不足奇的風景，一經攝入鏡頭，便成「天下名勝」！君不見！許許多多姿色平凡的影星，一旦上了照片，便成影迷們底壁上珍奇！足見攝影之事，也是一種「心靈底創造」，至少有「心靈底創造」的成素攙入其間。

這且不說。我們總不能說，天上星宿底運行，地上加瑪線底放射，……這些事實之與我們底幾許陳述詞或方程式之「相合」，正猶之乎希特勒尊榮與他底照片「相合」。

這樣一推敲，讀者可知這個問題並不簡單吧！

這個問題的確不簡單。它牽涉著全部知識學底問題。關於這類問題，我們不能也不必在這裡討論。我們現在要在這裡討論的是，在什麼模態或條件之下，我們可以「說」科學與事實相符。

科學家藉以了解「事實相符」的第一個步驟是觀察，當然，試驗對於科學也很重要。不過，試驗係爲觀察而人爲地製造種種情境（circumstances）的程序。情境製造成了以後，要了解它，還得訴諸觀察。所以，我們可以將試驗化約而爲（reduce to）觀察。

關於觀察的問題，也很不簡單。我們現在只從四個方面來討論它。

第一、工具

我們憑什麼實施觀察？我們藉以實施觀察的工具有兩種：一種是赤裸的感覺器官。另一種是儀器裝備。前者是基本而又不可少的。可是，它有這三種缺點：㈠不夠精確；㈡易生差誤；㈢所能達到的廣度、遠度、深度和微度都屬有限。科學家要減少這些缺點並且增強科學的觀察能力，就訴諸有儀器裝備的觀察。不過，我們要能作這種觀察，必須有訓練。在現代科學研究中，我們常須相當高度的訓練。什麼訓練呢？一是操作或使用儀器的訓練。這一方面的訓練是顯而易見的。另一方面的訓練是要觀察者有「良好的心理準備」。什麼良好的心理準備呢？這就是我們在第二項裡所預備討論的問題。

第二、心理準備

這裡所說的作觀察時所需的「心理準備」著重在消極方面。消極方面的心理準備是「去蔽」。洛克所說的「心如白紙」（tabula rasa）不過是哲學家底理想情境而已。連初生下來的嬰兒都不可能是「心如白紙」的。只有糊塗蟲才有說「心如明鏡臺」的勇氣。人底「心靈」，不是被自然的印象佔據，就是被文化所浸染。免於一切影響的「心靈」，簡直是不可思議的東西。一個人，作種種努力，也許可以免於這種成見，也許可以免於那種成見；但不能免於所有的成見。問題只在自己是否自覺罷了。在作觀察時，只要有一點起干擾判斷作用的成見，便無可避免地歪曲觀察底結果。可是，成見有幾個種類：㈠個人的；㈡屬於橫截面的群體的；㈢傳統的。這幾種成見不同，它們對於觀察的影響也因之有嚴重或不嚴重的程度分別。在一般情形之下，個人特有的成見不被人尊重、支持或神聖化——當然，如果這個人特有的成見堪作文學描寫的典型，或者他幸而是皇帝，或者是什麼「偉大的領袖」，那末就「又當別論」了。群體底成見則常被群體內部的多數分子所支持、所凝固。因此，如果X與Y二個群體在衝突狀態中，那末要二者互相作「客觀的觀察」，那末比「纜繩穿過針孔」還難（這是引用《聖經》上的話）。依此而推論，在這種情況之下，X與Y任何一方對於另外一方所作的報導與批評都是不值一顧的。傳統的成見常披上文化的外衣。在實際上，我們這個地球表面的人類因生活而衍產出來的文化，是不可能免於成見的。但是，成見一旦是來自傳統文化的，便被歌詠讚歎，或奠以「哲學基礎」，或得到現實勢力的掩護。之所以如此，原因頗爲複雜。其中最顯著的，除了利害關係以外，爲訴諸人底「父親意象」，爲自諂心理，爲自我防衛的機制作用。這些因子都是非理性的（non-rational），甚至反理性的

（anti-rational）。反理性的呼叫常須拿理性的詞句來掩飾。所以，從文化積滯出發，或中樞神經活動受「文化意識」底支配，便很難作毫無偏見的觀察。我們看不出從傳統文化出發來看事物，有絲毫「優於」從橫截面的群體成見出發來看事物的地方。它們不過是同一愚蒙主義（obscurantism）底兩個不同的形態而已。可憐的眾生，只有等科學來救！

同爲有成見的文化，在不同的地區，或不同的社會發展階段，對於科學研究的妨害，有程度之不同。東方世界大部分還在中古的形態裡。在這種地區的這種階段，任何經驗科學的「眞理」，只要與殘存的祖訓、尊長、面子或七七八八的主義，或這種那種教條不合，便很難暢行無阻。所以，在這樣的地區，只見滿天鳥煙瘴氣，一直未能培養出可觀的科學的態度及科學的思想方法。因此，在這樣的地區，一提倡科學，便被逼到學習科學技術那一末節上去，而不能從基本上研究科學。西方世界底中古階段的情形，在根本上也是如此的。不過，現在，西方世界畢竟已從它自己底中古由近代而走向現代。由近代而走向現代的西方世界，並非沒有文化的成見，可是，它底文化裡有一特色，即是，一碰到認知的活動（cognitive activity），或是科學上的眞假對錯，別的東西大致都會讓路。即令是宗教，正如羅素先生所說，也因受到科學論證底壓力而不能不勉強在科學面前逐漸讓步。人類底認知活動這樣抬頭與高度發揚，眞正是人類文明重大進步底里程碑。沒有這一進步，人類將會長期浸沉在黑暗中的蒙愚之中。

無論怎樣，我們在作科學的觀察時，必須盡可能減少文化成見對於我們底「心理置境」（psychological collocation）之牽引或擾亂。當然，這種牽引或擾亂，與我們所要觀察的對象是什麼也很相干。如果我們所要觀察的對象不易勾起我們底某種情緒反應或價值判斷，那末我們也就不易受到這種牽引或擾亂。如果我們所要觀察的對象易於勾起我們底某種情緒或價值判斷，那末我們也就易於接受到這種牽引或擾亂。例如，如果我們所要觀察的對象是細菌活動，是示性X線底效應，是地質底形勢（看風水的先生除外！），這類對象，那末我們底文化偏見不大有機會跑到我們底神經中樞來牽引我們或擾亂我們底判斷。可是，如果一個中國人所要觀察的對象是西方底社會制度、文化形態、政治組織等等，那末他能否不受他底文化成見之牽引或擾亂來作判斷，便是大成問題的事了。

可是，正因如此，在對於這類對象作觀察時，我們必須自覺地努力免於文化成見的牽引或擾亂。科學裡沒有任何形態的部落中心主義。科學不是任何民族國邦底產物。太空時代已經展露在我們面前，甚至地球都嫌小了，連地球中心的觀念都得放棄了。在科學面前，我們必須放棄一切所謂的「立場」，而唯普遍的眞理是求！

第三、訓練問題

我們作觀察時僅有上述的消極準備是不夠的。我們還得有積極方面的準備。積極方面的準備，是在作觀察時，觀察者必須對於被觀察的對象有相當的知識來指導觀察，或能提出適當的假設來作說明，必須這樣，作觀察才有「意義」。反之，如果一觀察者對於所要觀察的對象一點相干的知識也沒有，又不能提出任何適當的假設來作說明，那末，他看來看去，只能算是一個「光眼瞎」。例如，在做電學試驗時，那怕放射管中偶然放射一點閃光，對於有相當電學知識或經驗的人也是很有意義的，他能隨時把握這點意義，提出解釋。可是，這一現象，對於沒有電學知識的人而言，他看在眼裡，也不過像看見小規模的雨時閃電而已。在通常情形之下，我們對於所要觀察的對象相干的知識或經驗愈豐富，則我們所作觀察底結果愈可靠。但是，如果我們所有的這些知識或經驗俱不足以說明所要觀察的某一對象，那末我們所面臨的問題就算是一個困難的問題。碰到這樣的困難問題，我們解決的辦法有下列二條路徑：一、修正原來的理論或假設；二、提出新的理論或新的假設。

第四、語言問題

在科學研究中，我們作觀察時必須作報告。作報告必須用語言。觀察底報告語言是科學工作從「事實」

到理論建構的橋樑。這個橋樑溝通著「事實界域」和「建構界域」。建構界域通過這個橋樑得到建構的直接資料。因此，一個觀察之語言報告作得眞切或不眞切，或者，如果眞切，眞切到什麼程度，深切影響到相關的理論建構。如果我們有一個合用的語言也作觀察報告，那末我們底經驗科學研究工作就有一個可靠的基礎或底子。

稍加細察（scrutiny），我們就不難知道，自然語言在作認知的用法時，是而且只是一個逼近系統（approximative system）。相對於不同的範圍，我們特定地（specifically）組成自然語言底各種樣式。這有點像原料麵粉，有時揉成麵包，有時搓成麵條，有時捏成包子。普遍地說，因應各種不同的需要，麵粉可被弄成各種不同的樣式。同樣，爲了表達與或（and/or）裝盛各種不同的科學題材，科學家們拿自然語言作原料，塑成各種多少不相同的科學語言。可是，在許多不同的情形之下，尤其是在到達了某種建構的高度時，自然語言底字彙及語法不夠用或不合用，於是需要製造許多專門的詞彙及特殊的語法。這麼一來，在科學領域裡就出現了許多專門語言。這些專門語言底用法，必須經過一番專門的學習才能把握。這種情形，作者預備叫做「科學語言底分科化」（departmentalization of scientific language）。

我們現在要進一步問：在這些分科的科學語言底腳下，是否尙有一種共同的基礎語言呢？有的，或可以有的。我們雖然在這裡同樣說「有」或「可以有」，來源卻有兩個：一個是現象論的解答；另一個是物理論的解答。我們現在先提前者。

科學的觀察報告之起點是一些經驗名詞（experiential terms）。這些經驗名詞，一旦被編組到報告陳述詞之中，係用以描述我們藉著直接經驗得來並用以檢證科學理論或假設的那些基料。對於那些基料，我們有兩種不甚相同的認識。㈠我們可以認爲那些基料是感覺，是知覺或是直接的經驗。例如酸、甜、苦、辣、冷、熱、頭痛、昏暗等等。描寫這一類基料的語言叫做現象論的語言（phenomenological language）；㈡我們可以認爲那些基料乃簡單的物理現象之記述。而這些簡單的物理現象是可以直接觀察得到的。例如向光運動、向濕運動、水銀柱之昇降、試紙顏色之改變與蓋氏檢驗器相聯的擴大器之克利克刺聲等等，描寫這一類基料的語言叫做物理論的語言（physicalistic language）。

這兩種語言，各有利弊。我們不能在這裡就此問題詳細討論。依照現象論者（不是現象「主義」者。科學內無主義。推廣言之，凡在學術知識範圍裡的主義或宗派，一概是原始野蠻思想形態的殘跡。）底看法，我們必須把我們對於現象之直接經驗的基料用現象論式的語言表達出來，藉以當作檢證一切經驗知識的最後基礎。但是，對於經驗科學的研究，這種看法至少有二點不利之處：㈠我們迄今未能精確構造一現象論式的語言來因應科學的需要；㈡正如波柏爾教授（Professor Karl Popper）所指出的（請看氏著*The Logic Scientific Discovery*, second impression, 1960，第一章），用這種語言寫成的觀察報告極其不易免於攙雜報告者個人主觀的成分或感覺上的失誤。我們作科學報告時，須有高度的決定性和齊一性。相對於這類要求而言，物理論式的語言所能給我們滿足，遠非現象論式的語言所可比擬。在物理論式的語言裡，某些可以直接觀察的物理事物底性質或關係，在某些適當情形之下，其存在或不存在，可藉直接觀察來互爲主觀地（intersubjectively）檢證。例如「硬度」、「光度」、「相合」等等。因此，這類名詞可以指謂能由互爲主觀的方法而印證的物理事物。從這一條路，我們可以看出兩點：㈠科學底基料是經過了精鍊且具初等物理形式的報告（有時也可以是感覺基料報告）；㈡科學是有社會性的。這樣看來，物理論的語言構造之提出，使經驗科學底基礎之穩固程度大爲增加。

九、餘論

我們在以上陳列了經驗科學底基本謂詞。從以上的陳列，我們對於經驗科學多少可以得到一些了解，或了解底線索。也許有人說，上面所列的諸謂詞只限於應用到自然科學，而對於更爲複雜的生命世界就用不上了。所以，對於生命世界，科學方法是施展不開的。

這一問題所包含的問題以及所牽連的問題相當複雜，我們無法在這裡充分討論，作者現在所要指出的是，作者對於這個問題的看法與一般東方人傳統的看法剛好相反。作者認爲，正因生命世界複雜，我們要研究它，更得乞援於物理世界行之有效的科學方法。更進一步地說，正因人理世界遠較物理世界複雜，所以研究人理世界時須用科學方法的緊急性，遠大於對物理世界的研究。這話是什麼意義呢？

爲了易於明瞭這話底意義起見，我們且先舉些比喻來說明。初學寫字的人需要九宮格，需要臨字帖。愈是初學寫字的人，倚賴九宮格和字帖的程度愈大。可是，字寫好的人就不需要九宮格和字帖了。字愈是寫得好的人，愈不需要這些東西。於右任老先生寫的字就是一個好例子。他信手揮來，如蚯蚓行路，都是好字。但是，我們可千萬別誤會，以爲這樣的人寫的字不合法度。恰恰相反，他們寫的字都是合乎法度的。科學也有這種情形。稍有現代方法學常識的人都不難了解，「形式化」（formalization）對於科學建構之重要，（如果讀者尚不了解「形式化」是什麼，最好請讀R. M. Martin: *Truth and Denotation. A Study in Semantical Theory*, 1958，從第一頁到第三十一頁）數學在一切科學中可算是最接近形式化的科學了。但是，除了直到最近若干後設數學家（metamathematicians）或邏輯斯諦克家（logisticians）（這個名詞底意義與邏輯家〔logician〕不同）。以外，傳統的數學家簡直不大注意形式化底問題。爲什麼呢？因爲數學底本身已經夠形式化了。而且，除非遇到像種種詭論（paradoxes）這類精緻的問題以外，當著它還不夠形式化的時候，不致出什麼岔子。復次，物理學在一切經驗科學中是最不難形式化的一門。但是，「正統的」物理學家對於這一套很少發生濃厚興趣而去步吳德格（Woodger）之後塵的。爲什麼呢？因爲他們並不感到怎麼需要。物理學這門老資格的科學有較其他後進科學優越的地方，就是它已經有了在長時期中建立起來的良好研究軌序：㈠國際公認的度量衡制度；㈡在基本上共同的詞彙或語言；㈢共同的實驗程序；㈣共同的研究對象或題材。因爲物理學有這樣良好的研究軌序可循，所以：㈠物理學家之間易於合作；㈡物理學家之間易於交通。物理學家之間縱然有看法或意見之分歧，大家可以很快地發現分歧之點何在，於是可以集中思考能力與或技術能力謀求解決。所以，物理學並不亟求形式化。

這些便利，關於人理的研究幾乎沒有。傳統哲學，更是大部分介乎文學作品、歷史論著、美的鑑賞、倫理說教、前期科學及理論創建之間的東西，或爲這些東西底混合品。這樣的東西，明明充滿了文學作品式的個性和色調，但是傳統哲學家們卻又往往要求它們有最大的效準和普遍性。這麼一來，怎不天下大亂？（文學作家從來沒有這樣狂妄，所以文學作品構成不了這樣的問題。）從認知的觀點看去，一部傳統的哲學史，就是那些好「立一家之言」的各路英雄好漢們大亂思想世界底紀錄。這樣一種沒有樹立軌序的東西，沒有共同的方法，沒有共同的語言，沒有共同的對象或題材，怎樣能夠碰頭？怎樣能夠交通？不能碰頭，不能交通，要說的話，究竟說些什麼？要辯的話，究竟辯些什麼？「垂教萬世」，究竟教些什麼？

當然，從事任何學問，必須有最大幅度的自由，但是這並不表示不需要軌序。從認知的觀點看，愈是幼稚的學問（傳統哲學堪稱代表），愈需建立研究的軌序。有了軌序，研究才能上路。從這一要求出發，科學方法正好是最堪使用的軌序。如果說行之比較有成效的科學方法不能求得「最後的絕對眞理」因此必須撇頭不用，而用諸如「心」、「物」、「本體」、「理性」這些空大名詞糅雜著情緒和價值判斷野馬似地瞎跑一陣反可得到「最後的絕對眞理」，那末這實在是頭腦稍微清晰者所不可想像的事。羅素之最大的貢獻之一是最顯明而又有力地創導拿科學方法研究哲學。這是研究哲學之最有希望的一條道路。依同理，我們要有效地研究生命世界與或人理世界，要不陷入自作聰明的胡思亂想之境，也只有平平實實地使用科學方法。最近若干年來行爲科學之漸具規模，便是很佳的例證。

——原載《祖國周刊》，卷三十期三—五（香港：一九六〇年四月十八、二十五日；五月一日）

13 教育文化向那方走？

世界底發展正在民主國際與共產國際由磨擦生熱而冒火冒花之邊沿。這一場史無前例的巨大衝突，將決定舉世究竟淪爲克里姆林宮極權統治之下的奴隸，抑是推翻了這種統制而獲得全部的民主自由解放。吾人沒有理由設想在這個大的決鬥過後誰還有力量再製造這樣的決鬥。這個決鬥是最後的決鬥和總的清算。

在這最後的決鬥和總的清算之進行演程裡，民主國際底一切力量，不獨是物質的而且是精神的，都應與這個大目標配合，以期逐漸匯聚而成一個無可抗拒的民主洪流，來主動地解決目前的世界問題。

相對於這個大的目標，民主國際在貢獻它底物質力量上，確是比較努力。以美國爲首的民主國家，正在將他們底軍事、經濟和政治力量貢獻出來，以與共產國際周旋。可是，在另一方面，民主國際底陣線有一個大的漏洞尚未塡補起來，就是他們在文化方面動員得還不夠：在思想戰上準備得還不充分。

大家可能看得清楚，共產國際底科學技術水準不及民主國際，因而他們之可計算的有形工業力量不及民主國際。但是，在思想戰上，他們卻早著先鞭。憑著思想戰所衍發出來的心理力量，共產國際底勢力就如洪潦氾濫，到處困擾著民主世界，浸浸乎橫決東亞大陸。

今日的形勢之構成不是偶然的。自一八四八年以來，馬克斯主義就逐漸成爲一種富於激動力的教條。凡了解歷史上基督教與回教對於現世政治的影響是如何巨大的人，亦必能夠體會馬克斯教之所以能夠掀起舉世不安，不能全然歸因於陰謀與暴力，而自有其廣泛的心理因素在。凡能分析這種心理因素的人，必不忽視文化潛力對於民主與極權這二種對立體底勝負形勢之形成以及對於最後勝負之決定是具有如何深遠的作用。

無疑，中國共產黨目前的禍亂，是自思想運動開始的。從陳獨秀於一九一九年創辦馬克斯主義研究會算起，共產主義的思想運動已三十年於茲。在這三十年間，共黨或直接或間接，從文藝、音樂、藝術、各方面反映共產意識。吾人如敢正視事實，便應承認，自五四運動以來在文藝創作上有成就和在音樂方面有貢獻者大率直接或間接受共黨思想之沾染。大陸沉淪以後，三十年來文藝和音樂人才幾乎被共黨一網打盡。至於思想方面，或所謂哲學方面，共黨則以從事學術研究的面貌，鼓吹所謂唯物史觀與辯證唯物論，不遺餘力。好新奇的青年，甚至學無根底的大學教授，多不知這是共黨政治工具之一，而相率附和，一時蔚為風尚。文藝、音樂、思想既為共黨所大部佔有，文化陣地幾乎盡失。共黨活動具有尖劈作用。文化陣地一失，政治就受動搖。政治一動搖，軍事就受打擊，以致有今日之結果。我們試將共黨三十年來在思想文化方面步步滲透的經過加以思索，不難瞭解思想文化對於實際的軍事與政治之影響是如何深遠。

怵於這一次失敗，我們必須亟謀補救。吾人需知，從那一陣地失敗，必須從那一陣地收復，此外別無近路可抄。但是，重新建立思想文化，並非恢復舊有辦法之謂。舊有辦法在過去未曾成功，在將來也無成功之理。藉政治力量將一個政治組織口頭常談的教條加諸在學青年，在實力所及的範圍以內固屬易為。但是，要收實效，必須採取切合心理的辦法。世上並無不變的眞理陳述。關於自然現象的法則尚且常在修正之中，何況關於人文政治的主張？世上那有一成不變而值得奉若聖經的典範？

自第二次世界大戰以來，共產國際底威脅，尤其是蘇俄底挑戰行動，刺激了歐美的學術思想界。英國和美國第一、二流的大學，或自動專設科目講授蘇俄問題，或由教授自動專心著作。數年以來，成績斐然可觀。學府從事這類研究，匯為一種空氣。這種空氣，可使人逐漸明瞭共黨眞相，因而對於共黨之發展大為不利。所以，近年以來，英美學術界，雖未正面明言反共，而實際則收反共之實效。學府是知識權威底象徵，對社會起領導作用。學府認眞研究蘇俄與共黨問題，而這種研究又產生反共底效應，社會風氣怎不隨之逐漸轉變？因此，民主國家近來注意到「心理作戰」。這樣一來，民主國際陣線底漏洞可望逐步填補起來。

自由中國既然必須反共抗俄，那末，除了軍事力量以外，對於以思想起家的敵手，尤須以思想克服之。但是，平心自問，我們從事思想戰的裝備足夠嗎？許多人在主觀心理方面誠然是反共的，可是他們卻不自覺地吸收了滿腦袋的共黨思想，天天用共產黨底詞彙，時時說共產術語。他們還在以懂唯物史觀和唯物辯證法傲人；而未識透這一套東西是信仰不得的：你一信仰了，共黨意識就於無形之間滲透進來。甚至於還有人以為共產主義是好的，只是共產黨不對而已。我們在教育文化方面做的功夫實在太不夠了！

我們以為與其藉命令強使在學青年讀無法得到感興趣的空洞東西，不如使青年多知道一點有益於反共抗俄的實際知識。依此，我們主張通過教育的方式，使青年得到下列三種知識：

第一，選習俄國史。共黨將俄國說成天堂，史達林捧成上帝，許多青年居然信以為真。這是由於太不明俄國史所致。我們要青年選修俄國史，從而知道俄國底沙皇傳統、東正教會，以及農奴制度，三者如何形成今日的極權統治之基礎。

第二，請眞正懂哲學的人，解講並分析唯物史觀和辯證法唯物論。讓青年們離開片面宣傳和漫罵，自己判斷這一套東西要不要得。

第三，極端產生另一個極端。只有民主自由才能根絕赤禍。如果我們眞正願望中國成為一個民主自由的國家，在思想上必須趁早鋪路。西方三百年來的民主思想，自洛克、穆勒、哲斐遜，以及格陵的，都有待學習和闡發。相信了這一主流的思想，若再信共產極權思想，那才是怪事。

這是今後教育文化應走的正路。只有從這一條路上，我們才能配合世界民主力量，而在這一場對抗極權的最後大決鬥和總清算中作有效的貢獻。

——原載《自由中國》，卷三期十一（臺北：一九五〇年十二月一日）

14 張其昀部長的原子迷

上月二十四日，《中央日報》載教育部長張其昀氏對六教育團體聯合年會的講詞「原子時代的教育哲學」。這篇講演，如果不是標明係出自教育部長之口，我們幾乎疑心是出自一個說夢的痴人。這篇講詞，眞夠得上說是「語無倫次」。這樣語無倫次的話，張氏以堂堂教育部長的身分，居然向六個教育團體聯合年會發表，實在有辱國體！自由中國有這個樣子的教育部長，難怪今天的教育弄得這麼癱瘓，亂雜無章，黑漆一團！國家到了目前這個地步，主持教育者的頭腦竟至這麼糊塗荒唐，寧不令人興悲！

張氏的「教育哲學」分作「目的論」與「方法論」。我們且看他是怎麼講的。他說：「現在世界已經進入原子時代。核子科學對於宇宙眞相的洩露和闡明，是人類文化無上的的光榮和最大的勝利。而最足以令人歡欣鼓舞之事，就是核子科學的空前發明，使我們三民主義教育哲學的精義，益見發揚光大。」請問部長先生！核子科學是做什麼的？愛因斯坦、波爾、歐本海默等科學家對於貴部長先生創造的「三民主義教育哲學」並無所知呀！這些人之所以研究「核子科學」，並不是爲了在一個權力之下跑龍套，裝門面，或湊夥什麼政治宣傳。人家的心志是精純的。利慾和名位一點也引不起他們的注意。他們一心一意只在探究物理世界的眞理。如果他們所探究到的眞理能夠應用到有益於人類的地方，也是他們所樂聞的。假若有人摭拾他們學說中的一兩個名字濫用，裝潢政治神話，那麼相形之下，眞是太可恥了。

又說：「自古以來，中國教育哲學之目的論曰『致中和』，其方法論曰『得中行』。中和是中庸的『理論』方面，中行是中庸的『實踐』方面。中庸是中國立國之大本，中國教育之大經大脈，而與原子時代最新思潮，脈絡貫通，心心相印的。」請問：這裡所說「原子時代最新思潮」究竟是什麼呢？中庸裡的「大本」和「大經大脈」又是些什麼呢？古代的中庸怎樣與現代的「原子時代最新思潮」來一個「心心相印」呢？是中庸時代的人早已見及「原子時代最新思想」呢？還是「原子時代」的人開倒車回到「中庸」的「大本」裡去呢？如果所謂「原子時代最新思潮」所指係一些原子學說，那末這些學說的對象是無機世界。「中庸之道」則是關於人文世界行爲倫範的道理。一在無機世界；一在人文世界。二者怎樣「脈絡貫通，心心相印」呢？

又說：「核子科學的研究，證明原子爲宇宙構造的基點。可是這最微小的基本單位，乃是一個雛型的太陽系，便是整個宇宙的縮影。原子的構造以核子爲核心，這是原子的中心，也是原子的重心。」說了這一段望文生義的妙文以後，部長先生活像親眼看見了原子的倩影，以詩人的口吻讚歎道：「試看原子的結構，是何等美麗，何等和諧，何等奧妙！原子彷佛是一個小宇宙。整個的大宇宙也是同樣的非常和諧，非常均衡，萬象森羅，秩然有序。孔子曰：『致中和，天地位焉，萬物育焉。』這是原子構造最正確的描寫。中國固有的思想，已因核子的研究，而得到充分的證明。」毫無疑問，孔子是中國歷史上最偉大的倫教家，但是，說二千五百多年前的孔子能「描寫」「原子構造」，這是張氏「超歷史」的發現。孔子一生以謙德教人。孔子如其九泉有知，聽到後人恭維他竟有描寫原子構造的本領，一定愧不敢當吧！

張氏的精采言論還不止此。他又說：「中庸要義就是致中和。美國艾森豪總統在此次大選期間解釋現代共和主義，提出三個要點。曰和諧、均衡與進步。……如何方能和諧，那必須有一個核心，在幾何學上稱爲中心。在力學上稱爲重心。原子核的自然現象，就是中庸之道具體的解釋。」照張氏這樣說來，外國的大人物如艾森豪者，科學如幾何學及力學者，彷彿都是爲了體現並且證明「中庸之道」而存在的。艾森豪總統是否有這份興趣，請張氏問問艾氏自己，我們不便臆測。但是，我們感到困惑的，是「原子核的自然現象」如何能「具體的解釋」中庸之道。「自然現象」自己在那裡運行變化。自然現象不曾說話。它如何能「解釋」中庸之道呢？而且，「原子核的自然現象」，無論美英德法都是一樣的。張氏總不能說中國的原子核與美國的原子核不同。既然如此，張氏憑什麼來推斷「原子核的自然現象」特別爲了「具體解釋」中庸之道而服務呢？

張氏又說什麼「現代原子哲學『中立一元論』」。是否有這種名色的「哲學」，我們且不去追究。不過，有一點卻是任何有常識的人所能看個清楚明白的。就是：原子物理學家是最嚴格的自然科學家。最嚴格的自然科學家是謹守他們研究的範圍的。他們不作題外之言，更不造作荒誕不經的怪說。原子科學家所需要的，除了科學的一般假設和方法以外，是數學的推算和實驗的證明。他們不需要什麼「哲學基礎」。這種哲學基礎，那種哲學基礎，是科學實驗室以外的妄人扯來裝門面的空話。眞正有科學和哲學修養的人才不理它哩！

張氏把他的教育「目的論」講完了以後，接著又講他的教育「方法論」。張氏的教育方法論之精采，也絲毫不下於他的「目的論」。他說：「以上講的是目的論，以下要講方法論。我們看看原子是如何運行的？那就是『日月經天，江河行地』般的運行不息，生生不已。令人不能不驚嘆易經裡『天行健』的妙語。假使把『君子以自強不息』改易一字爲『核子以自強不息』。那末，宇宙的眞理，自然的定律，不是完全形容出來了嗎？」在這一段話裡，眞是妙語如珠！

在這個社會裡，有不少的「迷」。好色者叫做「色迷」。喜歡錢的叫做「財迷」。喜歡看電影的叫做「影迷」。我們的部長先生這樣喜歡原子，眞可以叫做「原子迷」。部長先生沒有進過原子實驗室一天，讀不通半篇有關原子的論文。他只看見「原」和「子」兩個中國字，他只才對幾位原子科學家頒過獎，居然對於原子這樣熱情迷戀，實在是難得！在他的熱情眼光之下，原子簡直變成了有生命的小精靈！可是，俗語說：「利令智昏。」同樣，情也可令智昏。我們都知道，「君子」之所以能「自強不息」者，因其有生命，有意志，有剛毅精神。請問張部長：核子如何有意志？有剛毅精神？如何「自強不息」法？火車站的時鐘也是一天到晚旋轉著，這也是「君子以自強不息」嗎？污水中的鞭毛蟲不斷旋轉其鞭毛，這也是「君子以自強不息」嗎？我們眞欽佩張先生的想像力之豐富。在他的豐富想像力之中，這個世界連無生命的東西也賦予生命。

總而言之，張氏這篇講詞所表現的，是把幾個假的科學名詞，攙雜在一堆假的哲學名詞裡，再用他個人的想像與情緒糅和起來。這樣的講詞，眞是極盡牽強附會，胡扯亂湊，捕風捉影之能事。就張氏個人在該講詞全篇所瀰漫的氣氛看來，再證以他年來的言論，他似乎是很自以爲「學貫中西」的。可惜得很，僅僅根據他這篇傑作，就足以證明他既不通西學，又不通中學；他既不懂哲學，更不懂科學。他所優爲之的，只是誇大與幻想而已。自由中國的教育讓這種人來主持，豈不是太危險嗎？

參加六個教育團體聯合年會的人士中，當不乏飽學之士；因此自然不會沒有人聽得出張氏言論之荒謬絕倫。然而，六、七年來，臺灣被糅弄成一種風氣：「官兒至上。」只要是一個人做了官，有權有勢，便是高人一等。只要是一個人做了官，便是才德兼備。而且，官大就是學問大。在這種風氣之下，官兒說話，無論怎樣胡扯，都沒有人反駁。有知識有良心的人聽了，只當耳邊風，聽過了完事。無知識無良心的人聽了，還要曲解附和，冀博青睞，爲爬昇攀附預留地步。於是乎，官兒愈來愈被嬌慣，自以爲眞的「一言爲天下法」了。這種風氣滋蔓下去，必至是非不明，善惡不分，邪惡流行。一個國家社會到了這種地步，一切唯官是聽，前途何堪設想！

我們再聲明一句：我們與張氏個人毫無恩怨可言。本刊宗旨，絕不對任何人作人身攻擊。我們只批評張氏的言論。我們之所以批評張氏的言論，並非因爲他的言論特別有被批評的價值。在一個眞正自由的社會裡，只要不誹謗他人，任何人有散播痴夢之自由。像張氏這種非科學、非哲學、非歷史、非文藝的妙品，散播在一個自由而又知識程度較高的社會裡，倒也可以引人發噱，增加人生的興味。可惜他不是以一個笑匠的身分在劇場出現，而是以堂堂教育部長的身分，正正經經地向六個教育團體聯合年會上講演的。歷史發展到了二十世紀六十年代，自由中國竟有這等頭腦糊塗的教育部長發表這樣的言論，實在是丟人的事。職司言責者，爲了國家尊嚴，爲了教育前途，爲了矯正視聽，所以不能默爾而息，將張氏講演荒謬之處略予指陳出來。當然，我們深知，若張氏者，以孔子自況，而且他正當「大有爲」之時，我們的話他未必能虛心靜聽。不過，我們爲責任感所驅迫，將上面所說的話公諸社會，以待有識之士的評判。

——原載《自由中國》，卷十六期一（臺北：一九五七年一月一日）

15 從衛星放射到彌賽亞精神——寄語美國朋友

人類歷史上第一顆人造衛星被蘇俄搶先放射，這個事件引起整個自由世界驚震，作爲自由世界領導力量的美國尤其驚震。美國在驚震之餘的反應是什麼呢？美國底反應是「加緊完成人造衛星」。

從世界反共長遠的歷程看來，美國之如此震驚和作這種反應，並非十分可以欣喜。在一個思想者從歷史的眼光看來，這並非自由世界健康的表現，而恰好是患熱病的徵候。如果一切其他的條件不變，常此以往，世界底前途眞是未可樂觀的。人類整個的毀滅殆難倖免。

爲什麼呢？

美國之如此驚震，足證她是把全部反共制俄之重點放在「武器第一」上面。將重點放在「武器第一」上面，必須時時刻刻保持武器對蘇的絕對優勢。如果掌握著這一優勢，那末美國就覺得安全，就覺得世界前途光明可期。如果失去了這一優勢，那末美國就覺得危險萬狀，就覺得世界前途黑漆一團。俯仰浮沉，一唯武器是賴。然而現在蘇俄在領頭的武器上搶了先，於是美國就惶惶然不可終日，開國家安全會議，趕製人造衛星。

這一反應，衍生出下列弊端：

第一、美國把重點放在與蘇俄作武器競賽方面，就是與蘇俄在同一條「比武」的路上競走。在同一條路上競走的兩雄，品質何分高下呢？在對自由世界的領導上，品質之高下，也是一項重要的決定因素：品質高者有眞正的領導力量；品質低者沒有。美國號稱自由世界底領導國家。自古以來，那有拿武器作領導的領導呢？

第二、我們有充分理由相信美國底人造衛星不久將會出現，而且其性能比俄製尤佳。但是無論怎樣，總是俄製先出而美國跟在後面趕製。這在心理形勢上美國已居下風；一般人看起來總是主動權操之在俄，美國已處於被動地位。

第三、嚴格地說，時至今日，科學已無祕密可言。科學中的原理已屬盡人皆知。祕密的只有製造技術。但是，科學的原理既然盡人皆知，於是製造技術方面的祕密也不會保持得太久。所以，甲會製造的祕密武器，乙不久也會製造。這是目前科學技術方面的一基本形勢。由於這一基本形勢之存在，加以蘇俄集中全力拚命要趕上美國，所以目前蘇俄底軍力與美國比較起來，相去只在一二步之間。因此，美國要保持其軍事優勢，必須時時緊張，美國人底生活已經夠緊張了。如果再緊張下去，豈不都要進心臟病院？緊張至極，勢必愈逼愈緊。這豈是永久保持世界和平之法？

美國把自己以及整個自由世界的命運立足於武器競賽上面，這太危險了。無論怎樣自我辯解，武器所造成的力量，就是赤裸的力量。世界底問題，如果必欲逼到以武器相見，豈非「圖窮匕見」之兆？豈非瀕於爆發的邊緣？

除了武器競造以外，美國制俄的方式，就是金錢援助。美國人士好像以為美元是一劑萬靈藥。世界那一地區發生問題，美元一到百病消除。其實，當前世界問題並沒有這樣簡單。我們不能說美元在防制共產勢力方面毫無效用。但是，我們也不能不承認，自第二次世界大戰以後，美國所耗美元鉅億，但並未收到預期的效果。

總之，直到現在為止，美國所給予自由世界的，主要地只有武器與金錢。僅僅靠武器與金錢，是不足以抵住共產勢力的；而且還會把自由世界帶著走下坡路。如果西方世界只有武器和金錢這兩種本錢，那才是已到山窮水盡之境！

「山窮水盡疑無路，柳暗花明又一村」。現在，是美國反省，調整政策的時候了！

只要美國肯調整她底政策，大路有的是。

美國爲什麼只看見蘇俄底堅硬矛頭呢？爲什麼看不見蘇俄堅硬矛頭後面腐朽的木柄呢？美國爲什麼不使用蘇俄無法製造的武器呢？

蘇俄的武力是強盛的，可是經濟生活弱脆，政府與人民之間的關係更脆弱。美國應該用庖丁解牛的方法，從蘇俄最脆弱的地方下手。

誠然，蘇俄長於製造火箭，但是蘇俄無法製造自由、民主、人權這些武器。自由、民主、人權，是西方世界傳統深厚的政治資本。如果美國拿自由、民主、人權，向鐵幕後方進軍，蘇俄拿什麼還手？如果蘇俄接受自由、民主、人權，那末她定走上自我取消之路。如果她不接受自由、民主、人權，那末她一定因受不了自由世界的衝擊走上匈牙利之路。所以，蘇俄要麼自我取消，要麼走上匈牙利之路，二者必居其一。

美國如果肯走這一條路，那末美國的力量不僅在她自己，不僅在自由世界，而且在整個鐵幕底大後方。當自由、民主和人權呼籲的影響力抵達整個鐵幕世界底大後方之時，就是美國在思想上佔領了整個鐵幕世界大後方之時，美國在思想上佔領了整個鐵幕世界底大後方之時，也就是對整個鐵幕世界底大後方產生政治影響之時，美國對整個鐵幕世界底大後方在思想上和政治上的影響力愈增，意即共產政權在鐵幕世界底大後方於思想、政治上的影響力愈減。美國對整個鐵幕世界底大後方在思想上和政治上的影響力多增加一分，意即美國制勝蘇俄的公算（probability）多一分。

美國走這一條道路，就是從物理世界進入人理世界。美國要從物理世界進入人理世界，首先就得調整她底思想角度，打破她底思想慣性（inertia），自覺地踏入一個嶄新的領域，在這個領域裡以探險的態度和精神摸索前進。以美國底知識累積和技術成就來說，美國是擔負得起這一任務的，問題只在美國是否自覺地將注意力一轉。

雖然，美國是自由世界底領導國家。其實，認眞說來，美國對自由世界的領導只能算是「外在的領導」，而不能算是「內在的領導」。現在世界反共非共的國家，因爲美國有錢有勢，必須仰仗美國，所以與美國站在一起，好些事不得不遷就美國。可是，在許多情形之下，因美國海外工作人員對當地特殊情況疏於了解，以致措置失當，而引起許多糾紛或摩擦。在這種情形之下許多反共非共國家之接受美國領導，祇是時勢逼出來的，並不一定出於內心對美國完全心悅誠服，所謂「內在的領導」，是從裡至外的領導，從思想到物質的領導。美國要能做到這種領導，自由世界才能眞正從表至裡團結一致，而發出偉大的反共力量。美國要能做到這種領導，僅僅靠拿出金錢和武器是不夠的，還得在思想和制度方面拿出眞貨色來！

美國要大規模進行這種工作，說起來眞是千頭萬緒。作者現在只能在此作原則性的幾項提示。

第一、美國應須趕緊大量動員優秀的人理科學家，亦如她迄今之動員優秀的物理科學家，這裡所說的人理科學家，意指心理學家、社會學家、文化人類學家等等以人理爲研究對象的科學家。美國應須從頭做起，促致這些科學家長期留駐鐵幕邊緣反共非共的地區，與各該地人士尤其是知識分子廣泛合作，切實了解各該地區之區域的特徵（parochial characters），以作製定實際行動之張本。

第二、美國必須改變用錢的態度。就作者見聞所及，凡用過美國人底錢的人，沒有眞正感激美國的，作者本人就是其中之一。而且，作者願意說，美國雖然在我身上用了一點錢，反而把我渾身弄得不舒服。作者之說這話，並不表示貶抑美國，當然也不表示頌揚美國。作者之說這話，純然係本著平素抱持的嚴格科學態度，拿自己親身的經驗作一例證：錢不一定買得動人心。

美國人對反共非共地區用錢，一般說來，有三大毛病：㈠施主態度。任何民族都有自尊感。愈是窮人愈好虛面子。美國以施主態度給錢，許許多多地區的人手上固然拿了錢，但心裡是不洽意的。這樣一來錢是花了，眞正的友誼並未買到；㈡主觀主義（subjectivism）。美國在許多反共非共地區花錢，常常犯了「主觀主義的錯誤」。反共非共地區這麼廣大，各個地區有各個地區底地區特徵，因而各有其特殊的需要，或重點之不同。如果顧到這些因素，那末相對少的錢可以收到較大的效果。如果不顧到這些因素，那末相對多的錢只能收到較小的效果。美國對世界若干反共非共地區之用錢，往往——雖非在一切時候——不自覺地以美國自己在美國底需要型模爲標準。以作者親眼在臺北所見爲例，美國朋友出錢建築高樓大廈，擴修馬路，毫無吝色；而於關係乎百年大計的文化建設事項，則吝嗇非常，即令有之，眞是微不足道。作者並不是說，建築高樓大廈和擴修馬路毫無用處；而是說，在長遠的反共過程中，文化建設更爲重要。但是，美國迄今似乎沒有本著這一眼光作長期打算的投資跡象；㈢算盤主義。美國朋友在若干反共非共地區用錢，常常流露著一股商人底算盤主義的習氣，至少至少，這是很不合臺灣及香港一帶中國人之心理狀態的。於是，美國人多的錢花掉了，只換得比較淺薄的中國人假的笑容。作者並不是說，美國納稅人底血汗錢我們應該漫無限制地亂花。作者只是說，美國朋友在處分他劃給某一地區的錢時，在技術上應該顧到該地的心理情況。就臺灣來說，美國朋友寧可給我們十萬元，別給我們十萬零一百一十元，給我們十萬元時，我們覺得你慷慨。給我們十萬零一百一十元時，我們覺得你吝嗇。同時，錢既拿出來了，支配的項目只要大致合原則，小的枝節不要去管，應該讓我們有因需要而斟酌之餘地。因爲，這是爲共同反共制俄而用錢。這不是做生意。美國要顧到這一政治前提。

第三、志願原則。假若蘇俄征服了全世界，那眞是世界沉淪了。現在，美國底責任就是挽救世界免於共產極權浩劫。上帝賜給美國人那樣廣大肥美的土地，豐富的物產，體格健壯而且頭腦優秀的人民，美國是應該負起這個救世責任的。時至今日，美國之領導反共，不僅是出於道義之所在，而且是利害安危之所必需。美國政府應須使他在海外工作的人徹底明瞭這一使命。

說到這裡，作者不能不提到美國海外工作人員底生活方式問題。至少就東方而論，美國海外工作人員的生活方式，與東方人比照起來，實在相形見絀。這種相形見絀的情形，使東方人看在眼著，很少不由羨生妒的。

他們總覺得「你美國人是高人一等的人，我們還是我們。」這種心理狀態存在，至少不會增加美國人與東方國家人民間的親和力。作者提起這件事，絲毫無意於責備美國的生活方式。恰恰相反，作者希望世界任何落後地區都趕上美國的生活水準。作者所說的只是，在生活水準尚未到達美國水準以前的地區，美國海外工作人員在生活上怎樣與當地人民相見的問題。作者也絲毫無意要美國工作人員降低生活水準來遷就我們，作者是說：在反共制俄這一大前提之下，美國要把他們海外工作人員底生活方式也編入心理作戰底序列裡。

在這一要求之下，就我們東方而論，美國海外工作人員必須表現得與一般人同甘共苦。果能如此，富人不擺闊，便眞能贏得中國人底心，發生「內在的領導作用」。

也許有人說：「你對於美國朋友的要求勿乃太高。你怎樣能要求人家犧牲幸福來爲你工作？」

我說：「必須拿出這股精神出來幹，世界反共事業才有前途。」

當然，我們沒有權利勉強美國朋友爲我們——其實亦即爲他們自己——犧牲幸福來工作。不過，作者有理由提醒美國政府，在派遣來東方工作的人員之時，盡可能採取志願投效辦法：美國政府事先告訴美國準備前來東方的人：「我們到東方去係爲了反共制俄底偉大事業。那邊底生活很苦，各位要前往底話，必須準備吃苦，放棄美國生活方式與當地人過一樣底生活。」西方的傳教士常常深入荒蠻，長住非洲腹地：其中不乏美國人士。傳教士能如此，志願反共者爲什麼不能如此？

當然，每一個自由人都是對蘇俄共黨深惡痛絕底。不過，我們不能因此否認蘇俄共黨在人理方面所下的功夫之深。他們深悉十九世紀以來黃種人對白種人懷有自卑感。自列寧訂立「民族政策」以來，蘇俄共黨處處留意，不觸發東方人底自卑感，處處裝出「援助弱小民族」的樣子。這一套做工後面，當然包藏著絕大的野心。不過，看得出的人只是少數，大多數人是曾遭蒙蔽底。美國既從事反共，就是從這裡學習經驗教訓。

寄語美國人民和政府，在基本型模上，蘇俄對美國使用的是共黨在中國東北使用的「長春戰術」。從蘇俄底觀點看來，現在自由世界底任何地區都是美國底外圍。東南亞是如此；中東也是如此。美國不要想著在外圍地區失去以後尚能巍然獨存。當外圍地區逐漸由被癱瘓而被蠶食以後，最後的核心也就遲早會陷落的。長春之戰，就是前車之鑑。俄國對西方之自卑與仇視，已經成了一個心理傳統。這一心理傳統，到了尼古拉·旦里列夫斯基（Nikolai Danilevsky）的論著出現，便構成了完備的形式。韃靼統治，奴隸生活，廣漠的草原，酷寒的天氣，合共起來形成俄國人之陰沉、狂熱、堅毅和持久底性格。無疑，共產主義快盡尾聲了，但是世界霸權的爭奪剛在開始。作者不難想像，俄國人可能花幾十年甚至百年的時光來從美國手裡爭奪自由世界底統治權，進而奴役整個世界。人類歷史底行程目前的確已經到了這一嚴重關頭。美國朝野，對此關頭應有深切的認識和警覺：挽救世界呢？還是任其遭惡魔逐步吞滅？美國如要挽救世界，那末不可僅僅忙著製造人造衛星，同時不要忘記自己更大的本錢。今年底聖誕節快到了，彌賽亞降臨人間，拯救世上苦難，美國要使她自己和全人類免於共產極權暴政底浩劫，必須更拿出彌賽亞底救世精神。

——原載《自由中國》，卷十七期九（臺北：一九五七年十一月一日）

16 我們的教育

近八、九年來，臺灣在某些方面有若干進步，郵政是顯著的實例。可是，在另外某些方面則有實質的退步，教育則是顯著的實例。今日臺灣的教育，細細觀察，不僅不及民國初年，而且不及滿清末年。那時的教育，是逐步向一「開放的社會」發展：今日臺灣的教育，則是向建立一個「封閉的社會」之途邁進。大致說來，這幾年臺灣教育的退步，至少退步了五十年，這就等於說，這半個世紀的時光是白浪費掉了。照目前的情形看來，這一浪費，還不知道何年何月才停止，我們眞爲下一代人憂。

這幾年來，在背後控制臺灣教育的原則有兩個：一是「黨化教育」；二是狹隘的「民族精神教育」。而這兩個原則又是互相滲透，互相支持，互相作用的。

臺灣黨化教育的得以實施，顯然並非出於家長及受教者之歡迎悅納，而全係藉政權便利從事布署。厲行黨化教育者挾其無可抗拒的政治優勢和一、二頂大帽子，控制學校機構，樹立黨團組織，並且掌握大部分教職人員。網既布成，彼等進而規定課程，灌輸黨化思想，傳播政治神話，控制學生課內外活動。彼等藉黨化教育，把下一代人鑄造成合於他們主觀需要的類型。

提倡狹隘的民族精神教育之類的教育，在第二次世界大戰以前，最積極者有日本和德國這類軍國主義的國家。這類國家提倡此類教育的目標，係藉誇張自己民族的優點並抹煞其他民族的優點，來養成國民「老子天下第一」的自矜心理，與仇視鄰國的態度及不能自持的狂熱之情。最後的目標，則爲驅策狂熱的火牛，奔赴戰場，對外侵略。我們從來沒有聽說走民主路線的國家強調狹隘的民族精神教育的。目前臺灣之強調民族精神教育者正是極力主張黨化教育的人。彼等之強調狹隘的民族精神教育，其目標當然談不上導致對外侵略。彼等強調狹隘的民族精神教育，是想替黨化教育找傳統上的依據，進而使黨化教育與傳統化合，最後等而為一。揆諸「黨即國」的主張，此種作用甚明。當一社群的危亡感從潛意識裡湧出時，這類教育所標櫫的口號確乎多少可以使人得到象徵性的安慰。例如，寫一手很好的毛筆字，使若干人直覺地認為國性未失，國種猶存。然而，這種教育，行之過當，結果是造成偏狹心理，並收迷戀過去和自我陶醉之效，何補時艱？更何補於發奮圖強？

近來辦教育的人震於科學成就之偉大，也知道非急起直追究習科學不足以圖存。但是，他們徒炫於科學的結果而不明科學的根本。科學的根本是科學的精神、科學的態度、科學的方法與科學的思想模式。今日科學的成就，是從科學的根本產生出來的。沒有這一科學的根本，便不會有科學的成就。但是，科學的精神、科學的態度、科學的方法及科學的思想模式，與黨化教育所培養出來的心理狀態是絕不相容的。前者是重解析的、重實證的、富於懷疑的；而後者則是籠統的、空幻的和獨斷的。一個人頭腦中怎能同時裝進這樣冰炭不相投的兩種東西？一個人一隻腳向前，一隻腳向後，怎樣能夠走路？

當人在數量上處於劣勢，在形體上對比起來較小，在直觀中的強弱之勢相形見絀時，心理方面難免產生自卑感。有了自卑感，就要想方法彌補。彌補自卑感的方式之一，就是想處處表現其優越。個子不夠高的人喜穿高底鞋，瘦人聽到別人說他胖而欣然色喜。臺灣這幾年施政之最原本的推動力，就是深沉的自卑感。有自卑感者，唯恐別人瞧不起，所以處處要表現得堂皇壯大。而傳統的面子心理，再加上現代的廣告技術，益使這一點心理作用發揮到史無前例的地步，這幾年來，凡屬長面子的事，雖耗資鉅萬，亦毫無吝色。至於表現壯盛軍容，製造新聞鏡頭之事，則日日相繼，不厭重複。若干人在一方面高調民族自尊；可是在另一方面對於國際過往客人由於禮貌所發口頭讚揚之詞，則不厭其詳，認真刊載。官方派駐海外通訊社對於新聞報導也以此為最基本的選擇原則；而並不是「是什麼，就說什麼」。於是，海外一有恭維臺灣的言論，雖一鱗半爪，也誇大報導。對於海外批評臺灣的言論，則不是一字不提，便是斷章取義，或歪曲竄改。久而久之，把臺灣在紙上構成世界上至美至善的樂園。至於過年過節和壽慶時的鋪張。則把「節約」的美德置諸腦後。……總而言之，這幾年的政治是競相大作其表面文章，以圖博取耳目聲色之娛。於是這幾年的政治成了「廣告政治」。所以，爲政越來越趨於表面化，內容則日益空虛。關係乎百年樹人大計的教育也不能例外。不僅不能例外，由於辦理教育者之好大喜功，反而更變本加厲，臺灣這幾年的教育，似乎很發達，其實是在製造統計數字，重量不重質，素質日趨低落。各種學術機構，文教館所，看起來有如雨後春筍，大有「中興氣象」。其實，稍一究詰，內容則空空如也。有的館所有開辦費而無維持費，有的館所有薪水而無事業費，有的館所幾乎只有一塊招牌而已。館所「通貨膨脹」的現象，是官僚政治廣告化的產物；是急求見功和表面熱鬧的結晶。我們知道眞正沉得住氣爲遠大的目標而苦幹者那會有這種澆薄的作風？那會以爲撒豆可以成兵？

世界的局勢演變到了今天，我們這一群人想要生存下去，只有在政治上採取讓大多數人得以自由發展其才智的民主制度，並且在學術上亟力從事科學研究。其餘的說法，不是空話，就是不切要之談。時至二十世紀六十年代，在自由世界陣營裡，如果還有人想藉一個黨派霸佔一塊土地，高調一個主義，壟斷財政、經濟、教育，一切的一切由一個集團一把抓，這顯得多麼尷尬，多麼不合時代需要，又多麼令人憎厭！

今日要實現民主並提倡科學，我們的教育必須從黨化思想裡根拔出來，而與民主及科學密切配合。我們這樣的教育主張，一點也不是什麼新奇的說法，而是歐美民主國家行之有年的原理原則。依照這樣的原理原則來辦教育，才能使青年的心智和身體得到正常而健全的發展。歐美青年的心智和身體得到正常而健全的發展，才會有今日輝煌的科學成就，才有今日的富強康樂。我們爲什麼只羨慕人家科學成就和富強康樂之結果而卻否定獲致此諸結果的教育制度？在黨化教育和狹隘的「民族精神教育」園地裡，是開不出科學之花的。楊、李是在美國培育出來的，基於配合民主與科學的要求，並爲了挽救下一代，我們對於教育作下列的建議：

第一、**停止黨化教育**。我們反對蘇俄共黨的重要理由，就是反對黨化。聲言反共抗俄者爲什麼還要實行黨化？黨化教育壓榨人心，製造偏見，除對一黨以外，對國家民族有什麼好處？老實說，在世界的現狀之下，黨化教育是不會成功的。退一步說，黨化教育即令可以成功，充其量也不過是造出一批只聽一個黨的話的盲從之眾而已。這樣的人，離開了黨的窩子，根本不能適應外界的新環境，只有成為廢料。眞正「為國家民族的前途」而辦教育的人，怎會做這樣「傷天害理」的勾當？現在辦教育的人，如果稍有良心和常識，應該建議有權力者趕快停止黨化教育。停止黨化教育，即停止對大家毫無益處的黨化課程以及圍繞黨化目標的一切設施。讓青少年們的身心從黨化的迷陣中解放出來，多用時間精力於吸收科學知識，學習科學技能。

第二、學術自由。自古至今，鉗制學術自由的勢力很多，其中最主要的有泛宗教主義、泛道德主義和泛政治主義。泛宗教主義者把學術當作宗教的侍女。在泛宗教主義的籠罩之下，凡抵觸宗教教條及神話的學說或理論，都被認為是異端邪說，都拿不出來，或壓得不敢抬頭。泛道德主義者認為一切思想學說必須從屬於道德倫範。凡不從屬於道德倫範的思想學說，都被認為是敗壞人心的淫詞邪說。敗壞人心的淫詞邪說，都在當被禁阻之列。在東方世界，泛道德主義者常在被御用的條件之下與現實政治結合而藉現實勢力以行其道。現代的泛政治主義者從泛宗教主義者和泛道德主義者接收其管制學術的傳統，而在技術上則更加精鍊。蘇俄統治，可說是把泛政治主義發揮到了極致的統治。在泛政治主義之下，一切學術思想都變成政治工具。政治教條成為學術思想之「先天的前提」，政治綱領成為學術思想之不可踰越的綱領。因而，政治領袖也就成為學術領袖。於是，一切學術思想的發展，必須受政治路線之規定。然而，可惜得很，經驗世界對於人間形形色色的政治一概是中立的，自然界尤其不能聽命於辯證唯物主義，或人間的任何其他「主義」，蘇俄要能造原子武器，從唯物史觀和列寧「遺教」裡推論不出來；她只有請教被俘的德國科學家，或派間諜到西方世界去盜竊，要不然便向本國科學家讓步——不硬性規定他們從馬列主義來研究科學。泛政治主義已經走到山窮水盡之境了。奈何臺灣官方有一部分人士還迷戀這將死的骸屍？我們總不能不承認，這派那派的政治是少數人一時鬧的事，而學術則是社會百年千年的事。今日之鬧政治者，何必連這冷僻的學術角落也不放過？為了社會的長久生命著想，我們應該讓學術從政治權力之下解放出來，讓它自由發展。不然，這個社會的智慧會由萎縮以至於死亡，常理裡會有前途可言？

第三、簡化課程。現在，臺灣從大學到幼稚園的課程之繁重，無疑居世界首位，課程名目之多，也是世無其匹的。小學學生竟有忙到夜晚十一點鐘才能上床休息的。世界各國，那有這樣辦教育的？這樣辦教育，臺灣的學術貢獻應該居世界之首位了。但是，在事實上呢？是一部分學生被壓得喘不過氣，心身受到戕害；另一部分學生則採取敷衍手段，浪費時光和金錢。教師亦然。這樣製造出來的學生，品質那會特別精良？

第四、提高品質。老實說，處於臺灣目前的地位，我們要在量上與別人爭多比少，那是沒有希望的。製造統計數字，是幼稚的宣傳手法。何況區區的統計數字並不足以驚世駭俗？我們要謀出路，必須從提高品質著手。要提高品質，必須首先停止教育方面的通貨膨脹政策。這一政策停止了，再剔除那些為政治目標而設立的課程，剔除那些為彌補自卑感而添設的課程以及活動，讓教師和學生們多些時間來究習有益身心的課目。這樣行之十年，教育成果之品質自然就可提高了。

當然，要改善臺灣的教育，方案不止上述四條。不過上述四條方案是最基本的。如果能把上述四條方案行通了，那末其他方案就易逐步實行。

我們對臺灣的教育作上列的論評和建議，並沒有一點意思說臺灣現在辦教育的人不夠努力。恰恰相反，我們認為臺灣目前病在辦教育的人太努力了。可是，辦教育的基本方針錯誤，愈是努力結果愈糟。所以，我們認為要搶救臺灣當前的教育，須請辦教育的人「高抬貴手」。祇有首先終止把這部車子向深淵裡開，然後才談得到熟籌健全教育的細節。

——原載《自由中國》，卷十八期二（臺北：一九五八年一月十六日）

17 請勿濫用「學術研究」之名

在胡適來臺的前夕，臺灣忽然出現《胡適與國運》一本小冊。這本小冊之出現，日來頗引起學界，新聞界、和社會上若干人士的注意。官方一部分人士及該書作者說這本小冊之出現，係基於「學術研究」的動機。筆者聆悉之餘，不勝驚異，且爲我們這一團子人底前途憂。

我首先要確定的一個大前提是：胡適可以被批評。爲什麼呢？因爲：一切的人都可被批評。胡適是人，所以胡適可被批評。「一切的人都可被批評」這一原則是我們應須爭取的。有而且只有辦到這一點，才有學術思想自由可言。有而且只有辦到這一點，才能表揚民主建制。惟有古代神龍化身的「聖明神武」的「天子」、教皇、大法師；近代的史達林之徒，才不許人批評。時至今日，我們必須要求凡在太陽底下的人，無論有什麼地位，無論有什麼權勢，無論抱持什麼「主義」，一概毫無例外地可受批評。筆者有充分的理由據以相信，提倡思想自由的胡適先生是可以接受批評的，而且胡適思想是經得起批評的。關於這一方面的道理，四月八日的《聯合報》說得頗中肯要，無需筆者詞贅。依此，如果任何人能眞正找出胡適思想底毛病，或發現其中不夠的地方。因而予以改正，或予以充實，那末，正是中國學術思想進步的徵象。對於這樣的進步，我們只有歡迎之不暇。「認貨不認人」，這是我們衡量學術思想的基本原則。有而且只有嚴格遵守這一原則，才能打破學界無聊的殘餘人事派系。有而且只有嚴格遵守這一原則，才能促進中國學術底新生進步。

既然如此，《胡適與國運》這本小冊底問題在什麼地方呢？筆者幸運，有機會將這本小冊看了一遍。我所得到的印象是：㈠人身攻擊；㈡毫無思路；㈢缺乏常識；㈣漢文欠通；㈤不訴諸論證而訴諸情緒；㈥有主張而無解析；㈦專門向眞正學人不屑一顧的現實政治權利等問題上瞎扯。這樣的小冊之本身，明眼人一看就可知道是現實政治底副產物，我看過之後以爲不過是高等師範一年級程度的人幹的勾當，所以看過了以後，正如我看到這一類底任何其他貨色一樣，就放下了，沒有把它當一回事。尤其是其中有一篇說胡適不該提倡白話文的作品，卻是用白話文寫的，這位作者，似乎中樞神經都有點問題。萬料不到這樣的一堆作品，竟是出於「大學教授」底手筆！我眞慚愧。

該書作者說臺灣只捧胡適的自由，沒有反對胡適的自由，這眞是「晝不見泰山」之談。何忽視事實乃爾！將近十年來，臺灣究竟是否有思想界，乃一件很難界說的事。假定有的話，近若干年眞是污塗胡適思想者底得意之秋。無論什麼人——無論讀過書沒有，無論有否一點現代知識，無論是否受過最低限度的思想方法訓練，只要提得起一枝筆擺出一副衛道的架式，塗鴉詆毀胡適思想，就不愁在市場上沒有銷路。君不見！近幾年來從香港到臺灣，藉反五四思想，播弄文化口號，成就了多少思想大師，多少英雄豪傑，以及各式各樣的打手！筆者認爲，一個人無論出於自覺或未自覺，不妨作貓腳爪，也可以作打手，但請切勿濫用「學術研究」之名。近十年來，我們社會上的元氣，被一幫子人因著無知和爲了現實的政治利益糟蹋得差不多了。眞是不堪再糟蹋了。如果像目前的風氣一樣，抱緊自己底一點點不通的成見就對人張牙舞爪。拳打腳踢，攻擊私事，這樣算是「學術研究」，那末我們底前途怎樣，不卜可知了。

近八、九年來，臺灣是一天一天地沉淪在泛政治主義（panpoliticism）之中。官方的政治需要幾乎把一切社會活動帶著走，所謂的「學術」不能例外。官方的政治意識瀰漫到許多角落，所謂的「學術」也很難逃出這一氛圍之例外。我們稍一檢視這幾年的出版物就可知道了。尤其是中小學生底文史課本中的政治色彩之濃厚，看了眞叫人傷心。搞政治的先生們！你們搞了十幾年，把國家搞成這個光景爲什麼還不饒過下一代？「學術」做了政治工具，還有什麼學術可言？共黨匪徒之可惡處，就在他們拿學術作政治工具。號稱反共者爲什麼硬是要照樣學習？眞正的學人今後所應須從事的重要工作，就是把學術從政治的魔掌之下搶救過來，使學術能作獨立的發展。這種見解，我們在胡適思想中可以找到很明顯的線索。

如果說「胡適思想」在臺灣像在大陸一樣的受到嚴格的壓制，那末是不合事實的。但是，至少近十年來，「胡適思想」在臺灣是在窒息狀態，也是事實。目前積極擴展胡適思想的少數學人，不是成爲打手們底目標，就是心理受到威脅。此時此地，我們簡直沒有暢論「胡適思想」之自由。如果情勢容許筆者表示一點思想的話，而且《胡適與國運》小冊底作者果眞有什麼「觀點」的話，那末我要表示，我底想法與該冊作者底「觀點」剛好相反。我看不出胡適之和吳又陵他們底思想在大方向上有何荒謬之處，更談不上有何大逆不道之處。恰恰相反，我認爲他們說得太不夠。他們限於所處時代，在四十年前未能動員現代心理學、民俗學、社會學、文化人類學，並且運用哲學解析的技術，來支持他們底言論。所以，他們底言論無寧氣盛於理。所以，在今日看來，頗有難乎爲繼之勢。然而，無論怎樣，他們所開的大路是不錯的。並且一點也不錯！這一條光明大道，不是一點民俗崇拜和玄學名詞所能阻毀的。今後我們所應做的工作，是拿現代心理學、民俗學、社會學和文化人類學，並且運用哲學解析的技術，來充實並擴展他們底思想。這才是眞正的學術研究工作。

——原載《自由中國》，卷十八期八（臺北：一九五八年四月十六日）

18 學術教育應獨立於政治

俄式極權統治和民主政治最基本的分別之一，是前者乃泛政治主義（pan-politicism）的，而後者則否。在泛政治主義的大氣瀰漫之中，政治信條成爲衡量萬事萬物的標準，主義黨綱成爲人眾一切主要活動的根本出發點。於是，在這類地區，一切設施都是既定的政治前提之演繹。學術教育是創獲知識並陶鑄品性的重要程序。這一程序可以決定新生代的思想形態、情緒反應和興趣方向。因此，極權統治對於學術教育的管制，絲毫不下於對經濟的管制。在這種統治之下，政府不僅掌握著學術教育的機構，而且政府還要代人作價値判斷，說人民應該如何如何，那些事該做，那些事不該做。復次，在政府中人的頭腦中認爲除政治以外世間絕無更有價値的事物。既然如此，於是他們認爲學術教育應該「配合國策」。所謂學術教育應該配合國策，這就是說學術教育應該作國策的工具。學術教育一作國策的工具，就不能獨立存在和獨立發展。

泛政治主義籠罩的地區，目前大都是「以黨治國」的地區。在這樣的地區，政府只是一黨專政的工具。在一黨專政的工具統治之下，所謂教育一定是「黨化教育」。黨化教育是怎麼回事呢？黨化教育有下列幾項特色：㈠灌輸青年，使青年們於不知不覺之間從黨的立場和一孔之見來看世界、看人、看事；㈡將教育當作黨的宣傳工具，製造青年們分享黨的情緒：憎惡黨所憎惡的事物；喜好黨所喜好的事物；㈢神化黨的人物和黨的歷史；㈣造成青年們一個印象，以爲國家雖大，若無此黨，則日月爲之無光，天地爲之色變；故捨此黨莫屬；㈤要把下一代牽著鼻子走，跟著歌頌這個黨，爲這個黨搖旗吶喊。這種教育的目標，係爲黨鑄造下一代的預備隊，奠立一黨統治的萬世之基。所以，黨化教育就是一黨統治的意識向下一代的延伸。

這個樣子的黨化教育之成效怎樣呢？要黨化教育高度收效，必須有許許多多條件，而其中最重要的一個條件就是建立密不透風的鐵幕，建立鐵幕的意義之一面，就是建立在思想和知識方面的一個絕緣體。在這個絕緣體中，外界的思想和知識透不進來。辦到了這一步，彼等就可在這一絕緣體中依照政治的需要來設計一個天方夜譚式的「知識世界」。悶在這個知識世界裡的人，從孩提以至昏老，他們底大腦活動不能越出這個世界一步。然而，要能辦到這一點，必須滿足一個前提，就是鐵幕不能漏一點縫。萬一漏一點縫，讓裡面思想的囚徒看出外面的世界與平素所聽到的頗不相符，那末統治者費九牛二虎之力所建立的知識世界就爲之破滅。知識世界一經破滅，那末，人民底身體縱然還在囚籠之中，可是他們底心思則已放洋了。現在，科學交通高度發達，地球衛星自由飛行太空，因此天衣無縫的鐵幕一天一天地難得維持了，所以黨化教育不易做得合於「理想」。匈牙利的黨化教育在上次抗暴行動中之一敗塗地，中國大陸青年在鳴放運動中之反共表示，莫斯科大學學生之曾以噓聲表示對赫魯雪夫的輕視，都是顯明的例證。

就臺灣目前所處形勢來觀察，臺灣更非實行黨化教育的適合地區。㈠海空交通頻繁，無法不對外接觸；㈡經濟和軍事都仰賴外援，無法完全遮斷民主勢力的影響；㈢交換教授，出國留學，民主國家的書報流入等事逐年增加。這些事項之逐年增加，意含著民主思想之逐年增加。這三種因素之存在與擴大，使思想一元化的局面根本無從形成。所以，在臺灣目前所處的形勢中，如果要實行黨化教育，那末就是逆勢行事，逆人行事。逆此二者行事，一定徒勞無功，如果藉著強硬的政治力量來施行，當然在形式上不難辦到。形式上的黨化教育，只能給予強力推行者以形式上的滿足，以象徵性的安慰。他們自己可以告訴自己：我黨的勢力還是很大，黨權在此島上還是維繫於不墜，下一代還會繼承我黨的黨統。這一套辦法，固然可以說是「聊勝於無」。然而，它所招來的是什麼結果呢？是普遍的冷感，無情的淡漠和盡可能的敷衍應付。茲以中學生須寫週記爲例。吾人須知，生於當今之世，很少人是傻瓜了。十年來臺灣的這種環境把傻子都教訓得很聰明了。誰還肯對人說眞話？

週記是檢查思想的根據。有幾個學生肯在週記上吐露眞情實意。照理說來，人在十幾歲時最是熱情洋溢的時期。可是，在我們這裡，十幾歲的人就得開始學習保留自己，掩飾自己，應付環境，甚至應用謊言，因非此將招致不利，甚至難以生存。這麼一來，他們在人生旅途的初程，就被鑄成雙重人格，就學會作「兩面人」。復次，他們在學校裡聽的那一套八股教條，空中樓閣，回到家裡和家長談起，碰到稍明事理的家長，只須眉頭一皺，表情冷淡，就夠他們覺得這個世界沒有什麼東西是眞的了。這類事態，有心人只須稍加體察，便不難發現。臺灣目前這個樣子的教育，別的功效的確尙未顯著，但確足把我們的下一代鑄成這一類型的國民。這筆戕賊國民品質的孽債，眞不知那年那月才算得清楚！

每一個人的生命是屬於他自己的。沒有人有權藉著國家的名義加以塑造，然後拿去作一黨的政治資本。每一個人有知識的自由，每一個人有教育的自由。在黨化教育的壟斷之下，在教條八股的前提之下，國民不可能得到健康的教育，不可能得到正確的知識。得不到健康的教育和正確的知識者，在今後這個將嚴格憑科學知識與科學技術來競爭的世界裡，根本無法生存下去，會在競爭中受淘汰的。黨化教育本來襲自蘇俄。可是，即令是蘇俄這樣天字第一號的極權國家，自史達林死後，學術教育也開始對於科學與技術讓步，不硬性規定科學與技術人才接受黨化教育。爲什麼呢？因爲黨的教條頂在科學家腦袋上，科學的眞理就進不了科學家的腦袋。縱然科學家本人不敢拒絕「黨的領導」，其奈科學的眞理拒絕黨的領導何！沒有科學的眞理，怎能造出地球衛星？沒有地球衛星，怎能震嚇世界？問題逼到這一關頭，黨化教育只有在科學眞理面前讓步。由此可見，黨化教育根本就是時代落伍的東西，根本就是行不通的東西。這樣的一套東西之存在，除了象徵一個黨的統治之存在以外，我們看不出它對受教者有任何益處。

也許有人說，現在是反共制俄的非常時期，所以必須把學術教育與之配合。在此，我們必須嚴正指出：也許有非常時期的軍事，但沒有非常時期的學術教育。學術教育是百年千年大事。學術的目標是吸收知識，發現眞理，增進技能，保存文化。教育的目標，除此以外，還在陶鑄優良的品性。這些項目都是學術教育的常道。從事學術教育的人或機構貴能守住這些常道。誠然，如果一個國家的學術發達教育優良，那末學術教育所發揮出來的力量，可能有助於這個國家應付它所面臨的非常時期。第二次世界大戰時期的美國就是好例。但是，我們不能倒過頭來說，有所謂非常時期的學術教育。恰恰相反，非常時期的那些非常因素，剛好是毒害或扼殺正常的學術教育的。這幾十年動亂中的經驗，應該足夠教訓我們了。

認眞說來，一切眞正的學術教育都是中性的東西。它不特別偏待誰，也不特別有利於誰。科學是學術的中堅主幹。科學的性質和功能最足以說明這個道理。科學眞正是「不爲堯存，不爲桀亡」的東西。科學並不特別幫助艾森豪，也不特別幫助赫魯雪夫。如果雙方都不懂原子物理學，那末雙方都造不出原子彈。如果雙方都懂原子物理學，那末原子物理學對雙方的幫助完全相等。純正的科學都是「爲科學而科學」的產品，都是「無所爲而爲」的興趣之結晶。波爾（N. Bohr）等人有關原子物理學的理論是典型的實例，我們總不能說有所謂「非常時期的原子物理學」。因爲，原子物理學在平常時期與在非常時期完全是一樣的。復次，要能建構原子物理學，必須精通高等數學。我們總不能說有所謂「非常時期的數學」。因爲，數學在平常時期與在非平常時期也完全是一樣的。依此，推廣而論，學術教育的本身也是如此。

科學所能爲力的，根本不是在非常時期或非非常時期，更不是誰站在正義那一邊或不站在正義那一邊，而是在有無與高下之間：如果別人有科學而你沒有，那末你就受制於人。如果雙方都有科學，那就要看誰比誰高。如果別人有科學而你沒有，那末你不僅在非常時期吃虧，在平常時期一樣吃虧。如果雙方都有科學的話，而別人的比你深高，你就只有讓別人佔上風，你要避免這類不利的結果，全靠平時的努力；到非常時期臨頭，就來不及了。總括起來說，科學並不能幫助我們，只有在我們有科學而別人沒有科學時科學才顯得是幫助我們的。雙方都有科學時，科學也不能特別幫助我們；只有在我們的科學高於對方時，科學才顯得是特別幫助我們的。這個道理，在平常時期可以應用，在非常時期同樣可以應用。科學只認得經驗與邏輯，認不得平常時期與非常時期的分別。推廣而論，學術與教育亦然。

多少年來，若干官方人士動輒揚言「爲國爲民」、「救國救民」、「天下爲公」，而不是天下爲私。果眞如此，就應該爲民「除礙」。臺灣十年來產生了許許多多的「礙」。這許許多多的礙，不是別人所設，正是官方人士所設。別人要設也沒有這分權力。官方人士之所以設這些礙，有兩種原因：第一，係由於思想中殘存的觀念形態作祟；第二，一切設施總是首先以統治利益爲主要著眼點。近年來官方人士似乎也知道科學的重要。科學乃健全的學術教育之產品。所以，如果眞要提倡科學，必須解除官方所加於學術教育的鉗制。官方所加於學術教育的鉗制，大致分別起來有兩種：一種可以叫做「內在的鉗制」，所謂內在的鉗制，就是爲學術教育提供政治的前提，規定政治的路線。這種鉗制之不當及其造成的深遠惡果，我們在前面已經說過，這裡不再贅述。另一種可以叫做「外在的鉗制」。所謂外在的鉗制，就是：㈠在學校建立黨化的政治組織，控制校內師生的生活，掌握學生的社團生活；㈡安置祕密或半祕密的「安全」人員駐校偵密並監視教師及學生的言論和思想，致使師生感到有一隻冥冥之手威脅著他們，什麼正當事體都不敢放膽去作；㈢憑藉政治力量，把一黨的黨義等等列爲必修課目，雖然，官方人士所作內在的鉗制之成績遠較此外在的成績爲差，但二者俱足使教育者與受教者的思想言論等等活動歸於窒息。胡適先生在五四發表講演，倡導文藝應該海闊天空，發揮創作的自由。近幾十年來由於「革命」之說流行，文藝已經很政治工具化了。文藝尚且應有自由，何況學術教育！官方人士果眞爲國爲民，就應該首先把這些扼殺學術教育的措施解除，爲國家保留一片生機，讓學術教育獨立於政治，自由發展。

——原載《自由中國》，卷十八期十（臺北：一九五八年五月十六日）

19 為學術教育工作者請命

祇要不存心迴避現實，任何人都可看得清楚，目前臺灣一般公務人員、軍事人員和學術教育工作者的生活之困苦，以及處境之蹇蹙。關於公務人員與軍事人員生活方面的種種問題，我們預備留待其他的機會申論。現在，我們單論學術教育工作者的情形。

我們在這裡所說的「學術教育工作者」，包括學術研究機構的行政人員和研究人員，與大學、中學以及小學教師，這些工作者目前大多心情欠佳，精神不振，並且工作的效率低落。他們工作的效率僅夠維持一個表面，只夠應付應付功令，決不足以擔負創造發明，承先啟後，認眞作育人才，陶鑄下一代的優良品性，這般大任。之所以如此，環境沉悶和前途茫茫，自然是基本的原因；而直接的原因，則是待遇太低。現在，小學教師月薪平均在四百元左右，中學教師月薪平均在五百元左右，大學教授月薪平均在一千二百元左右。以目前物價之高，區區這點薪水，維持免於餓死的最低生活尚感萬分吃力，誰還有餘心餘力眞正從事文化生活？文化生活是人類生活之較高級的層面。這美麗的花朵必須有較優裕的環境才培養得出來。日光、空氣、水分都缺乏的環境，如何長得出蝴蝶蘭？

茲以大學教授為例。大學教授應享的正常生活水準如何，値茲「非常時期」，我們不敢想望。然而，如果要一位大學教授能克盡厥職，對學術有所貢獻，則必須維持一個最低限度的標準。這個最低限度的標準就是：不爲柴米油鹽操心，不爲家務所累，有一個不太受音噪干擾的獨立住宅，每月至少有相當於購買價値美金五元的書籍一冊的購書能力。其餘加衣、添製用具、婚葬、醫藥，交際應酬、娛樂等項，暫且一概免談。就作爲一個大學教授的人而論，這個標準總不能不說是最低限度的標準吧！然而，說來也真可憐，在臺灣的大學教授夠得上這個標準的眞是寥寥可數。我們常常看見大學教授在街頭提籃子買菜，在家裡司「灑掃應對」之事，他們月月爲薪水不夠用而發愁。我們又常常看見大學教授因太太小孩害病無錢醫治而上課時心緒不寧；對於學生提出問題沒有興趣詳作解答，甚至發煩。至於買書，說來更慘。照理說來，大學教授應該是買書最多的人。可是，就我們接近書店所得到的印象而論，現在大學教授能買書的眞是少之又少。我們並不是說，當大學教授的人高人一等，應該像古代希臘學人一樣蓄養奴隸，從事勞役。在當今平民主義之世，大學教授自己買菜也不是什麼有辱身分之事。美國當教授的人自己開車是常事。我們的意思只是說，如果臺灣當大學教授的人因請不起一名工人而被迫得不能不自己上街買菜，被迫得自司灑掃應對之事，就無心無時無力充分從事研究和教學了。這並非身分問題，而是一個經濟問題。這個經濟問題所造成的這種結果，對於作大學教授者個人而言，固然是生命的浪費；對國家而言，更是深遠的損失。

今日在臺灣作大學教授的人處境如此。人總是要活下去的。政府既然不能替他們想想辦法，於是他們只有自己想辦法了。

比較有名望而又便於出口的，紛紛往海外跑。在這些人中，最有辦法的是往美國另謀高就。其次就是往南洋等地找工作。僅僅就南洋大學一校而論，臺灣往教者就有二十餘人之多。在這些人中，又以理工人才爲多。這種現象，如果說是人才出超，那是說客氣話。其實是人才外溢。這種人才外溢的現象，還只是有形的損失。海外的留學生看見這種光景，不由得不考慮自身的出處。考慮的結果，多半就是設法繼續留在外國，而不願來臺爲自己的人服務。從臺灣出國的，也多半是「一去不復返」。這幾年來。臺灣各大學甚感理工師資的缺乏。結果造成一種現象：上面只是幾個老人在啃老講義；下面想請幾位助教也很困難。主持清華大學原子能研究院的梅貽琦先生，就對從外國延攬物理學家之事大感棘手。有許多老一輩的學人眼看到這種「人才中空」的現象，不禁爲學術教育的前途發愁。然而，臺灣的環境，除了沉悶以外，待遇又這麼差，發愁又於事何補呢？

至於留在臺灣的大學教授呢？留在臺灣的大學教授，稍有名氣的，多從事兼課。談到兼課，眞是形形色色，不一而足。有的教授兼課，從臺北遠征至臺中；有的教授兼課，竟至每周三十幾小時；有的教授兼課，非本行之所學。研究理工科的人，有的則兼作工廠顧問等等。在這種情況之下，大學師資的品質怎樣能夠保持於不墜？

這種低落的情形還是比較容易觀察的現象。除此以外，大學教授待遇菲薄，還有更深遠的惡劣影響。由於待遇太差，生活不易維持，大學教授們被迫不能不藉上述的方法以及其他種種方法維持生活，於是，獨立精神易於喪失，做人的風格也很不容易保持。試把今日在臺灣的一般大學教授之獨立精神和風格與當年清華、北京等著名大學的教授所具有者相比，是否完全一樣？有的甚至以勾結權要，走官家門路，迎合現實政治路線，拿政治口號寫教材爲得計。爲人師表者竟甘心走下坡路，如此，寧不可悲？獨立精神和風格，是優良環境的產品，大學教授的獨立精神風格之存在，對於青年學子的學行及品鑑力之養成，絲毫不在課室言教以下。但是，「人窮志短」。今日在臺灣的一般大學教授，因扼於現實生活而把這一點珠光寶氣幾乎消磨殆盡。這樣一來，何能在青年中起示範作用？青年失去模範，無所適從，豈不苦悶？又豈不危險？

問題說到這裡，也許有人責備一般大學教授，認爲他們之所以致此，不能歸咎於環境，而應自責「道行不堅」。這種人也許要說：「君子固窮」，「士志於道」，不應斤斤於衣食；清貧自守，正所以顯示教授的風格。

這類的道德官腔說來似乎好聽，也沒有人敢於明白表示反對；可是，在今日這種情況之下，卻很少人聽得下肚。世上並無所謂先天的道德（a priori morality）。有之，唯在談玄者的筆底下。當著一種道德倫範只有極少數人付出極大的代價始能實踐時，那末這種道德倫範本身的校準就很值得考慮。古往今來，只有極少數的人能堅持「餓死事小，失節事大」的原則。最大多數的人是「衣食足而後禮義興」的。正常的人正是如此。在此，我們絕對沒有意思鼓勵人為了吃飯問題去失節，去定向沉淪之路，尤其是從事學術教育工作的人。傳記中所載為了堅持自己的原則而挨餓的人，我們無寧認為是值得景仰的人。但是，我們同時也要指出，這類道德操守的要求，是屬於倫理界域以內的事，政治界域裡的人當他站在政治界域時不可援引；尤其當他未能改善大家的生活時，更不可搬出這一套話頭來罩人，來塞人之口。御用的道德家更不應在這種時候替有權力的人獻出這類壓人的大帽子。時至今日，除非一個人自發自動地為道德原則刻苦自勵，否則沒有任何人配拿這一套來對人搬弄。愈搬弄，離道德愈遠。合於生活的道德原則應當遵守，這是不在話下的。可是，當著大多數從事學術教育工作者的生活陷入目前這種困境的時候，我們不忍拿一套道德高調來對他們作「道德的鞭策」。我們只有對他們的處境寄予最大的同情，代他們呼籲。經驗知識告訴我們：際此時日，要解決目前學術教育之不振，與其提倡空頭道德，不如除了使學術教育獨立於政治以外，積極改善學術教育者的生活。生活一經改善，大家沒有生活上的顧慮，工作的效率一定可能提高。

也許有人說，你們所說的誠然不錯，其奈政府財政拮据何？「財政拮据」之說，我們聆之久矣。誠然，在某種意義之下，這話是眞的。可是，這話的內涵並不如此簡單。依近十年來的現象觀察，官方人士用錢的重點，除了軍事以外，在下列幾方面毫無吝色：㈠當局者認為直接足以培養、鞏固並擴大其權勢的事項；㈡足以增長面子和湊熱鬧的事項。前者例如，樹置特殊勢力，開辦各種訓練班，這個團那個團，……。後者例如，祝壽、紀念節日、招待外賓。前者耗資之鉅，究竟到達甚麼程度，這是一項機密，我們未便揣測。至於後者，凡住在臺北的人，很容易得到深刻的印象。這幾年來，官方人士較已往任何時期對於紀念節日特別感到興趣。這幾年來官方人士對於紀念節日的種種作為，予人以藉紀念節日來打發日子的印象。官方在紀念節日紮彩坊，搭高臺，……耗資之鉅，是不難看出的。其次，就是拉海外僑胞來臺觀光。這也是耗資鉅萬的事。我們並不是說，要海外僑胞歸心一定是一件要不得的事，我們的意思是說，海外僑胞來臺玩玩，湊湊熱鬧，並非根本之圖：既提不高政府威信，又不能在基本上改善反共的形勢。何況常常鬧出販毒走私的笑話？如果官方不做這些表面虛浮的事，那末所可能撙節下來的錢，一定相當可觀。

這樣看來，官方並不是絕對的「財政拮据」，而是用錢的基本觀念與我們不同，因此用錢的重點與我們不同。他們用錢，除了直接維持權力以外，就是要表面熱鬧好看。合於這兩大原則的事，他們用起錢來手面是闊綽得很的。至於學術教育，他們認爲迂遠，所以用起錢來非常吝嗇，動輒以「財政拮据」爲詞拒絕之。誰都知道學術教育是國家百年大事。這遠比表面熱鬧好看重要。從遠大處替國家社會前途著想，我們要求把這些浪費移用於改善學術教育工作者的生活。

所以，今日學術教育工作者要想改善生活，所碰到的問題還不是政府是否有錢的問題，而是官方人士用錢的基本觀念和用錢的重點問題。因此，學術教育工作者要官方改善他們的生活，必須改變官方對於用錢的基本觀念和用錢的重點。至低限度，要他們明白，關係乎國家社會百年大計的事比表面的熱鬧競賽重要。表面的熱鬧競賽，是鏡花水月，到頭來萬事皆空。唯有提高學術教育者的生活，從根本上培養國家社會的元氣，將來發生的力量，才未可限量。本月二十五日，在清華大學原子能研究院物理學館落成暨原子爐基地破土典禮中，胡適先生也呼籲改善教授生活。他說：「要提高研究學術風氣，應從改善教授的待遇著手。」這是很切合實際的話。我們願意依據此話，向當局爲學術教育工作者改善生活請命。

——原載《自由中國》，卷十八期十一（臺北：一九五八年六月一日）

20 教育的轉機

近八、九年來，在臺灣想說眞話做實事很是困難；想有所改進，更是困難萬分。梅貽琦先生自從就任教育部長以來，可說是開始說眞話做實事。這是自由中國教育轉機的開端。可是，擺在他面前的有兩重難題：第一是在不太引起摩擦或不愉快的情緒之條件下逐漸收拾前任教育部長所撒下的這場爛污；第二是在不太引起臺灣這種環境的阻力之條件下徐圖改進。這一雙重困難是有待他加倍努力克服的。

要改進臺灣的教育，首須認清近年來教育中日益加深的弊病。依據梅氏於十月十八日在立法院教育委員會的報告，足見他是深知臺灣近年來教育日漸加深的弊病的。他說臺灣的科學教育實在落後，必須加緊追趕才行，在九月日內瓦原子能和平用途的會議中，許多貧窮落後的小國，都有驚人的展出，而自由中國則付闕如，可見臺灣在科學上跟不上時代。在大學教育方面，此後應注意科學教育，增加科學設備。梅氏認爲大專聯合招生弊多於利，將邀請各校院負責人商議改進方法。在中學教育方面，缺點是校舍少，師資差。今後應做的事是改良課程，修正教科書。而「教科書不必全由教部編印，鼓勵資力雄厚之書局編印，經本部審定後發行，這樣競爭便會有進步。」除此以外，還要「充實學校科學設備，並提高數理化學博物等科之師資；鼓勵社會人士設立私立中學及職業學校，以解決學生入學困難。」在小學教育方面，梅氏認爲「小學教育爲整個教育之基礎，故必使其健全。」而小學教育須作的改進計有這幾端：㈠計劃增建校舍，逐漸取消三部制、四部制；㈡提高教師素質，使其有進修的機會；㈢改進課程，修正教科書，使學生有健康的身體，更有開啓的思想。」關於免試升學，俟實驗三年後，依據結果再決定是否繼續實施。十月二十四日梅氏在行政院新聞局記者招待會中所作說明，在基本上與這裡所說的相同。

我們從梅氏所作的這一報告中，可以看出他辦教育的根本精神和態度。我們現在將他這種根本精神和態度分析於後：

第一、注重科學。梅氏自長教育部以來，再三再四強調科學教育之重要。本於這一認識，他力求充實科學教育的設備，並提高科學教育的師資。梅氏之所以注重科學教育，並非因為他自己是研究科學出身的，而係因他的眼光不局促於臺灣一隅，卻是放眼環觀世界的一般現勢，默察今後世界的發展趨向使然。他深知不加強科學研究不足以生存於當今競存之世。時至今日，世界上在政治、經濟和文化方面具有支配力量的國度，沒有一個是靠搬弄搬弄古董起家的，而是以科學稱雄於世的。我們要能競存斯世，除了急起研習科學以外，沒有更踏實的道路可走。而要研習科學，根本的辦法，就是加強科學教育。

第二、正視事實。從梅氏所舉臺灣教育的弊病之報告中，我們可以看出他決不迴避事實，而係正視事實：事實是什麼，他就說什麼。他打破了過去「官官相護」的傳統惡習。非眞心實意為下一代人的教育著想者，不敢出此。這種報告的出發點，是科學精神。這種與本刊立言的基本設準「是什麼就說什麼」不謀而合。吾人須知，正視事實，乃作實事的「必要條件」，即亦作實事的起點。如果一個人不能正視事實，那末他即令想做實事也無從作起。唯有能正視事實者，才有做實事之可能。

第三、重證驗。具有科學精神的人，沒有不重證驗的。重證驗的人，當著一項試驗尚在實施的過程中而未得到決定性的結果時，是不輕易下結論的。關於免試升學的種種弊害，已經是有目共睹的事。本刊已一再著文論析，社會輿論也無不一致指責。對於這些情況，身為教育部長的梅氏決無不知之理。可是，他一定要等到實施有了決定性的結果以後再作決定。這正是他重證驗的科學態度之表現。我們也同情並尊重他的這種態度。

第四、實行民主。過去官方做事，有幾回是與民間有關人物商討的？有多少官兒是把百姓放在眼裡的？官方別的部門且不說，就連過去辦教育的人也儼然以統治者的姿態出現。他有什麼舉措，從不與民間有關人士眞正商議，一概以命令行之（張其昀做部長所召開的各種會議，都是形式的，是利用會議的名義，爲他個人的意見或辦法負責任）。而這次關於大專聯合招考應否改變的問題，梅氏則邀請有關大專校長切實商議。這是何等的民主風度！假若官方人士的作風一直都是如此，國事何至弄得這麼糟？

不僅如此，近八、九年來，官方的「統治意識」在臺灣眞是瀰漫六合。事無大小，唯官是管。教育用書，也無所逃於天地之間。今梅氏表示「教科書不必全由教部編印」，並且認爲有「競爭」才會有「進步」，這種說法，就臺灣而言，眞是空谷足音，清新可喜！從這種說法出發的精神，根本就是西方近代的開放精神。這種開放精神與中世紀黑暗統治時代的封閉精神剛好相反。如果臺灣各方面都採取這種近代精神，那末八、九年來的進步雖不能趕上西德，但是至少可與西德同樣走上一條有希望的道路。

上述的四點基本精神和態度，就西方世界而論，可說已是家常便飯，已經司空見慣到不值一提的地步。但是，就我們這裡而論，卻是稀世之寶，十年難得一遇。

拿第一點來說，從前辦教育的，一味強調「民族精神教育」，實際上是藉教育灌輸狹隘的妄自尊大的民族主義。近八、九年來，蒙蔽臺灣青年思想的有兩個迷魂招：一個迷魂招是黨化思想；另一個迷魂招是狹隘的民族主義。這兩個迷魂招罩將下來，弄得臺灣一般青年，除了家庭知識水準深厚的以外，簡直不知此身究在何世。眞是可歎！灌輸狹隘的民族主義，除了一點點情緒上的滿足以外，只是塑造出一批不明瞭世界現狀，不能適應新的環境，不能獨立思考的人物。這樣的人物，沒有「開啓的心靈」（open-mindedness）；而是在一「封閉社會」（closed society）裡所產生的「封閉的心靈」（closed-mindedness）。這樣的一批人，生於當今之世，怎樣混得下去？眼看這種情形，我們心所謂危，不能不率直指出。教育部長梅先生特別強調科學教育，並且要使小學生有「開啓之思想」，實在可以補救這一危機。我們並且希望梅氏能盡力之所及，更使大學生和中學生有「開啓之思想」。

談到正視事實，目前眞是難能可貴。這八、九年來，官方人士說話，有幾個不是大言壯語？有幾個不是自我陶醉？許多大言壯語，毫無事實根據，而一說就是將近十年。這眞是古今未有之奇例，也是人類「語言史」上罕有的材料。除了大言壯語以外，官方人士說話之最根本的出發點，是一味迎合上級心理，揣摩意旨，除此以外，只要不出包蓋不住的毛病，事實如何，他們根本不管，好像天塌下來也不關他事。官方人士的基本意識形態大都如此，所以民間提出的任何「改革」建議，都是充耳不聞的。

極權國邦與民主國邦在意識形態方面最大的分別之一，是前者乃理想主義的，後者乃試驗主義的。抱持理想主義的統治中心人物，又常好談「舉國規模的大建設」。在這一項大帽子之下，這些人物憑主觀臆想，訂出一些偉大的計劃，藉著政治權勢，大力推行，彼等在推行這些計劃時，不管是否行得通，不顧民間有多大的犧牲，不恤民言，不體民艱。而民主國家的政府從未聞有興辦「舉國規模的大建設」之事。民主國邦的政府有所興革，多採漸進政策，並且在實施中多方試驗，看是否行得通。這種重試驗的態度就是科學的態度。遠的且不說，單就近幾十年而論，如果爲政者都本著這種科學態度來爲政，而不動輒訴諸政治權力，糊塗硬幹，那末我們的犧牲何致如此慘重？

臺灣教育之壞，是從根本上就壞起的。臺灣的教育之壞，是在整齊壯觀的外貌之下和歷年統計數字的增加二者掩飾之中壞下去的。臺灣的教育之壞，在於質的腐潰，而不在量方面。這種情形，好像一個人相貌堂皇，但是肝裡卻患了癌症一樣。稍微深入的觀察者，都會感覺到這種現象。

試看臺灣一般小學校舍之佳，學生制服之整齊。遠非過去大陸一般小學所能企及。可是，臺灣一般小學對於小學生心身摧毀之成績，也遠非過去大陸一般小學所可比擬。臺灣一般小學學生的幼小生命，做了時代政治使命的預備工具，做了過去教育當局統計偉績的墊腳石，和各校之間升學、考績、比賽等等競爭的資本。在這三種無可抗拒的力量摧迫之下，小學生們從黎明到深夜，沒命的向前奔競。他們沒有充分的休眠時間。他們很少遊戲玩耍。我們「看了那些面黃肌瘦，兩眼失神的『小博士』，就知道這件事會動搖國本的。」誰無子女？誰無弟妹？何忍他們幼小的生命折磨在這「時代的錯誤」之中？今日的政治，「除弊」應先於「興利」。我們懇切希望教育部長梅先生以仁者之心，趕快救救這些可憐的孩子們。

中學教育接受了小學教育的這些弊端，更加上一些無謂的政治負擔。在政治壓力之下，學生讀些枯燥無味無益心身的東西。近幾年來許多人常常侈談「人性」。不懂心理科學，拿「性善」、「性惡」這些空洞的「價值名詞」（value-terms），談什麼「人性」？「人性」快被這些空談「人性」的先生們壓死了！人在少年時期，無窮的精力需要發洩，充沛的情感有待寄託，新鮮的想像力有待發展。我們這裡過去辦教育的人所優爲之事，就是把這些嫩苗壓得整整齊齊，納入極其狹窄的政治軌序中去。可是，這一套東西是大不合少年人的「人性」的。我們從來沒有聽到有中學生在課外自動背「主義」、讀「訓詞」的。他們厭惡這些東西。但是他們的精力無處作有益的發洩，他們的情感得不到適當的寄託，他們的想像得不到正當的發展，於是西部影片就成爲他們的導師，於是太保太妹相繼大批出籠。我們的中學，從訓導方式到課程內容，應該大大整理一番了。

中小學教育的弊病無可避免地被帶進大學，浮現在大學生的臉上。我們這裡的大學生和美國大學生比較起來，只好比作一個一個壓扁了的乾柿子，一串一串整整齊齊地放在箱子裡。政治的恐怖開始侵襲著他們。他們的「安全感」與他們的「現實感」一樣發達得早，一樣銳敏。他們一個一個過分早熟地「謹於言而愼於行」。我們的大學生，論「守規矩」眞是夠守規矩了。可是，比起西方世界的大學青年來，他們的創導能力到那裡去了？他們獨立的思想和判斷能力到那裡去了？他們的自信力到那裡去了？他們對於自己的前途怎麼大都失去美麗的憧憬？我們不能苛責青年。恰恰相反，我們無寧以悲憫的心情看著他們。人類學不能證明西方人先天地優於東方人。同樣是大學生，我們的大學生和西方大學生之所以有這樣大的差別，唯一合理的解釋，就是所處境遇不同。臺灣這個樣子的環境，就塑造出這樣的大學生。他們在沒有美麗的遠景和「動輒得咎」二者的作用之下，一部分往書本裡死鑽，另一部分存著混文憑的心理打發四年的歲月。大部分的青年原來都是對於人生存著熱望的。我們不應使這創造新社會之火熄滅。我們希望教育當局今後逐步想出一個切實的辦法來替他們開拓一條光明的出路。

照一個正常國家社會的常態來說，大學教師是青年思想和知識的啓導者，是社會的靈魂，是創造的先鋒。可是，我們這裡的大學教師是處於什麼光景之下呢？我們這裡沒有羅益斯（J. Royce）的蹤影，沒有史賓諾薩（Spinoza）的蹤影，也沒有愛因斯坦的蹤影。自愛的大學教師們，大都小心翼翼，唯恐有失，各守本行。爲了保護自己，他們傾向於把學問和現實絕緣。爲了安全，他們放棄了正常社會中學人應享的尊嚴和權利。現實生活的折磨，使他們更顯得憔悴和萎縮了。「人窮志短」。士人「以天下爲己任」的聲音，我們好久沒有聽到了。自愛的大學教師碰到了這樣的冬天，他們都冬眠去了。剩下的就是一些不知有春秋的蟪蛄。蟪蛄的咶咶噪音，代替著雄雞唱曉。這是今日臺灣知識界的眞實景象！

我們在上面所說的，都是官方那一層新聞粉飾後面的眞相。我們比任何人體驗得更清楚：我們在這裡所說的，大不合乎今日瀰漫臺灣全島的自我陶醉之風。然而，面對這樣的「僞」風，我們實在有點惶惑，我們禁不住要問：人能夠一輩子在自我陶醉中打發日子麼？在這種風氣之中過日子如何是了局？我們在以上所說的臺灣近年來的教育之嚴重危機，是一一有事實作對證的。像這個樣子的教育，豈不等於葬送下一代？難道是將來一走所能了事的？「積重難返」，臺灣的教育之所以弄成今天這種狀況，不是單方面的原因造成的。不過，現在梅部長開始察覺到這些病徵，並且眞心實意地開始醫治。這眞是撥雲霧而見青天的好徵象。中國前途有無一線生機，端視教育的成敗而定。我們樂觀梅部長不受反動的阻礙而一步一步走上成功之路。

——原載《自由中國》，卷十九期十（臺北：一九五八年十一月十六日）

國家圖書館出版品預行編目資料

科學教育／殷海光著. ——初版. ——臺北
市：五南圖書出版股份有限公司, 2022.11
面； 公分
ISBN 978-626-317-770-3（平裝）

1.科學教育 2.文集

303 111004882

1C19 殷海光精選輯系列

科學教育
打破傳統窠臼，我們也可以很科學

作　　者— 殷海光
發 行 人— 楊榮川
總 經 理— 楊士清
總 編 輯— 楊秀麗
副總編輯— 黃惠娟
校　　對— 吳浩宇
封面設計— 姚孝慈
出 版 者— 五南圖書出版股份有限公司
地　　址：106台北市大安區和平東路二段339號4樓
電　　話：(02)2705-5066　　傳　　真：(02)2706-6100
網　　址：https://www.wunan.com.tw
電子郵件：wunan@wunan.com.tw
劃撥帳號：01068953
戶　　名：五南圖書出版股份有限公司
法律顧問　林勝安律師事務所 林勝安律師
出版日期　2022年11月初版一刷
定　　價　新臺幣300元